Bioterrorisme: Dichterbij dan u denkt!

VLU

Hogeschool
van Utrecht

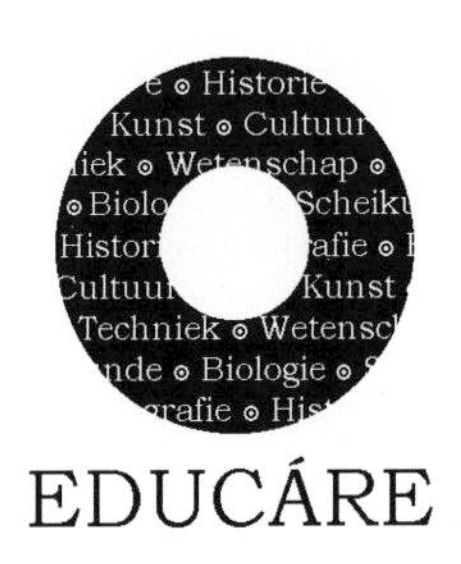
EDUCÁRE

Bioterrorisme:

Dichterbij dan u denkt!

Auteur:
M.F. van Berlo

CIP-data Koninklijke Bibliotheek, Den Haag

ISBN 9076998310

Trefwoorden:
bioterreur
biologische wapens
biologische oorlogsvoering

Eerste druk, 2004

Wageningen Academic Publishers

Inhoudsopgave

Woord vooraf

De VLU (Vereniging van Laboratorium Ingenieurs, Utrecht) heeft in samenwerking met het Institute of Life Sciences & Chemistry van de Hogeschool van Utrecht een Symposium georganiseerd over het gebruik van moleculair biologische gegevens bij bioterrorisme. Tijdens dit symposium behandelden sprekers uit zowel terreurbestrijding, politiek en laboratoriumwereld onderwerpen op een viertal gebieden:

- Welke infectieuze organismen bedreigen ons in de toekomst
- Bioinformatica, een hulpmiddel voor bioterrorisme?
- Is de moleculaire biologie een vriend of vijand van het bioterrorisme
- Verdediging tegen bioterrorisme

Het doel van dit boekje is om al deze onderwerpen te belichten om zo een inzicht te krijgen waartoe een bioterrorist in staat kan zijn met de huidig kennis.
Na een algemene inleiding (hoofdstuk 1) over bioterrorisme wordt ingegaan op de geschiedenis van biologische oorlogsvoering (hoofdstuk 2). Vervolgens wordt uitgebreid gesproken over bioterrorisme (hoofdstuk 3) en welke gevolgen de wetenschappelijke ontwikkeling in de biotechnologie kan hebben voor het bioterrorisme (hoofdstuk 4). Hoe de bestrijding en verdediging moet plaats vinden tegen het bioterrorisme is duidelijk gemaakt in hoofdstuk 5 en een epiloog vinden we in het laatste hoofdstuk. Voor een nadere oriëntatie betreffende bioterrorisme is een lijst met de gebruikte literatuur opgenomen. Tevens zijn in de bijlagen de voordrachten van Boris Dittrich (D66) en Peter Kosters (Europol) toegevoegd.

Geen boek komt tot stand zonder hulp van anderen. Wij bedanken Dr. Mario van Berlo voor zijn enorme bijdrage, hij heeft dit boekje tot een geheel weten te maken. Daarnaast willen wij alle sprekers van het symposium bedanken: Prof. Dr. Albert Osterhaus, Dr. Huub Schellekens, Mr. Boris Dittrich, Peter Kosters en Dr. Mario van Berlo. Verder willen wij de sponsors Institute of Life Sciences & Chemistry en de Stichting Educàre bedanken voor hun bijdragen Als laatste bedanken wij de symposium-commissieleden die veel energie in de organisatie gestoken hebben.
Wij hopen dat het boekje bijdraagt aan het beoogde doel.

De VLU.

1. Algemene inleiding

Biologische oorlogvoering is al eeuwenoud. Micro-organismen of toxinen van micro-organismen, planten of dieren worden als wapens gebruikt. Deze wapens zijn er op gericht om een geselecteerde groep personen, zoals bijvoorbeeld militairen uit te schakelen.

Bioterrorisme daarentegen is gericht tegen een grote, ongeselecteerde groep mensen, en terroristen kunnen een aanslag plegen met dezelfde levensgevaarlijke bacteriën, virussen en toxinen. De verspreiding van deze micro-organismen kan onder andere plaatsvinden via aërosolen (in de lucht zwevende deeltjes) maar ook oraal, bijvoorbeeld via besmet voedsel of drinkwater. Bij inademing van aërosolen kan een levensbedreigende infectie ontstaan en de gevolgen daarvan kunnen variëren van enkele slachtoffers tot duizenden doden en gewonden. Bovendien kunnen door genetische modificatie virussen en bacteriën gemaakt worden die ongevoelig zijn voor antivirale middelen en antibiotica waardoor de schadelijke effecten nog groter kunnen zijn.

De moleculaire biologie geeft de bioterrorist kennis en middelen om de symptomen van de ziekte afhankelijk te laten zijn van het gemanipuleerde agens. Wetenschappelijke ontwikkelingen vergroten de dreiging van bioterrorisme en daarom wordt de ontwikkeling, verspreiding en herkenning van nieuwe infectieuze organismen met grote aandacht gevolgd. Daarentegen kunnen gegevens, verkregen met behulp van dezelfde moleculair biologische technieken, gebruikt worden voor snelle diagnostiek en vaccinontwikkeling, waardoor men beter kan inspelen op beschermingsmaatregelen.

De afgelopen jaren zijn veel gegevens verschenen over terrorisme met niet-conventionele middelen. In Amerika zijn daarom veel juridische maatregelen getroffen en is veel geld uitgetrokken voor een "bioterror defense initiative". Wat echter in Amerika geldt, is niet zonder meer van toepassing op de rest van de wereld. Alhoewel verschillende gebeurtenissen zich hebben afgespeeld op Amerikaans grondgebied wil dat niet zeggen dat landen in Europa gevrijwaard zijn van bioterroristische aanslagen.

Ons land is een gemakkelijk doelwit voor bioterroristische aanslagen, ook al zijn ze tot nu toe niet voorgekomen. Door het open karakter van de

Nederlandse samenleving kunnen besmettelijke ziekten relatief eenvoudig worden geïmporteerd. Nederland is dichtbevolkt en de bevolking is erg mobiel, waardoor ziektes snel verspreid kunnen worden. Het voorkomen van aanslagen vraagt veel aandacht en als er slachtoffers vallen is een adequate behandeling erg belangrijk. Natuurlijk moet men weten welke infectieuze organismen een rol spelen in het bioterrorisme en artsen moeten de symptomen van een dergelijke infectie snel kunnen herkennen. Voor snelle diagnostiek van biologische wapens ligt de nadruk op de moleculaire biologie, biosensoren en immunoassays.

Leden van de Tweede Kamer hebben bij herhaling gevraagd in hoeverre ons land op dit soort aanslagen is voorbereid, van welke kant men een dreiging verwacht, welke tegenmaatregelen getroffen kunnen worden en welke samenwerkingsverbanden er in Europa zijn. Vanwege het sluipende karakter van bioterrorisme is het van belang dat medici en paramedici in de eerste lijn over de juiste informatie beschikken. Enerzijds is het belangrijk dat mensen uit de gezondheidszorg bioterroristisch-gerelateerde infecties kunnen herkennen. Anderzijds is het van belang dat mensen, die werkzaam zijn in diverse laboratoria en/of betrokken zijn bij het nemen van de vereiste maatregelen, op de hoogte zijn van diverse facetten van bioterrorisme.

Tijdens het symposium "Bioterrorisme, dichterbij dan U denkt!" is een aantal onderwerpen besproken zoals:

- Welke infectieuze organismen bedreigen ons?
- Bioinformatica, een hulpmiddel voor bioterrorisme?
- Is de moleculaire biologie een vriend of een vijand van het bioterrorisme?
- Verdediging tegen bioterrorisme

In dit boekje wordt een overzicht gegeven van biologische oorlogvoering en bioterrorisme waardoor men een beter inzicht krijgt in de ontwikkeling van nieuwe biologische wapens en hoe men zich kan wapenen tegen deze nieuwe ontwikkelingen. Ook wordt ingegaan op de basistechnieken van de moleculaire biologie en welke rol deze technieken spelen in de terreurbestrijding. De maatregelen die worden genomen op (inter)nationaal niveau en die belangrijk zijn om adequaat te kunnen reageren op aanslagen kan men terugvinden in de bijgevoegde lezingen van Ruud Koster (Europol) en Mr. Boris Dittrich (D'66).

2. Biologische oorlogvoering

2.1 Geschiedenis van biologische oorlogvoering

Biologische oorlogvoering is al heel lang bekend. In de vijfde eeuw voor Christus besmetten Grieken en Romeinen al waterbronnen van de vijand met dierlijke kadavers en de Syriërs doopten hun pijlen in faeces en kadavers om infecties te veroorzaken. Hannibal (190 voor Christus) gooide aardewerk potten met giftige slangen op schepen van de vijand en in de veertiende eeuw katapulteerden Mongolen bij de belegering van de havenstad Kaffa in de Oekraïne lichamen van de aan pest gestorven soldaten over de stadsmuren. In de achttiende eeuw deelden Britse soldaten met pokkenvirus besmette dekens uit aan Indianen en in 1860, tijdens de Amerikaanse Burgeroorlog, werd kleding die besmet was met het gele koortsvirus gebruikt als biologisch wapen.

In de eerste wereldoorlog werd gestart met het bestuderen en ontwikkelen van biologische wapens. De Duitsers gebruikten *Bacillus anthracis* (anthrax) om de veestapel te infecteren die geëxporteerd werd naar de geallieerden. Ook hebben de Duitse eenheden tijdens deze oorlog de Franse cavalerie proberen uit te schakelen met *Burkholderia mallei,* de verwekker van kwade droes.

Tijdens de Japanse bezetting van Mantsjoerije, het noord oostelijke deel van China (1932 - 1945) is er een speciale Japanse eenheid actief geweest om biologische wapens te ontwikkelen. Hierbij zijn veel experimenten op gevangenen gedaan met *Bacillus anthracis*, *Neisseria meningitidis*, *Shigella spp*, *Yersinia pestis* en *Vibrio cholerae*. Ook zijn destijds diverse Chinese steden aangevallen met biologische wapens, onder andere met *Y. pestis* besmette vlooien maar ook via de lucht, besmet voedsel en water. In 1942 hebben de Britten aanzienlijke hoeveelheden anthrax gemaakt (ze hadden 5 miljoen veekoeken besmet met anthrax in voorraad!) en hebben de nazies gevangenen geïnfecteerd met *Rickettsia ssp*, Hepatitis A, *Plasmodia spp* en de effectiviteit onderzocht van experimentele vaccins en genees-middelen. Heel erg bekend is de ontwikkeling van biologische wapens en de experimenten van de geallieerden met *Bacillus anthracis* op het eiland Gruinard vlak voor de Schotse kust, dat tot 1986 hiermee besmet is

gebleven. Het hele eiland is toen met 280 ton formaldehyde, verdund met 2 duizend ton zeewater schoongemaakt.
Het hart van de biologische oorlogsindustrie van de Sovjet-Unie lag op Vozrozhdeniye, een eilandje in het Aral-meer, dat gedeeltelijk in Kazachstan en voor een deel in Oezbekistan ligt. Jarenlang experimenteerden de Sovjets met virussen en bacteriën die anthrax, pest en pokken veroorzaakten. Met genetische manipulatie probeerden wetenschappers de lethaliteit van de organismen te vergroten. De schaal waarop de Sovjet-Unie biologische wapens ontwikkelde, overtrof de verwachtingen van westerse geheime diensten ruimschoots. Uit getuigenissen van overgelopen geleerden bleek de biologische oorlogsindustrie tien maal groter dan ingeschat.

Tussen de 60 en 70 duizend wetenschappers, ingenieurs en technici hielden zich in de Sovjet-Unie bezig met de ontwikkeling van biologische wapens. Een gevaarlijk gegeven is dat niemand precies weet waar deze mensen naartoe zijn gegaan na de val van de Sovjet-Unie en wat ze tegenwoordig uitvoeren. Veel onderzoekers hebben de benen genomen naar landen als Pakistan, Irak, Libië en Syrië, waar ze hun activiteiten voortzetten.

Tabel 1 geeft een chronologisch overzicht van de geschiedenis van bioterrorisme en biologische oorlogvoering door de eeuwen heen.

Tabel 1. Biologische oorlogvoering en bioterrorisme: een historisch overzicht.

- ***6e eeuw voor Christus*:** - Assyriërs vergiften de waterbronnen met *Claviceps purpureum* (moederkoren) en Solon van Athene vergiftigt de watervoorziening met nieskruid, tijdens de belegering van Krissa.
- ***184 voor Christus*:** Het leger van Hannibal gooit aardewerk potten gevuld met gifslangen in de schepen van de vijand.
- ***1346*:** Tijdens de belegering van Kaffa katapulteren de Tartaren de lichamen van slachtoffers van de pest over de stadsmuren.
- ***1425*:** Tijdens de slag van Carolstein worden door pest gedode militairen en 200 karrevrachten fecaliën in de gelederen van vijandelijke troepen gebracht.

- ***15e eeuw:*** Om de verovering van Zuid-Amerika te versnellen heeft Pizarro waarschijnlijk met pokken besmette kleding aan de inlanders gegeven.
- ***1710:*** Russische troepen werpen slachtoffers van de pest over de stadsmuren van Reval tijdens de oorlog met Zweden.
- ***1767:*** Britse troepen verspreiden pokken door besmette dekens te geven aan de lokale indianenstammen in Pennsylvania (USA).
- ***1797:*** Napoleon probeert de overgave van Mantua te forceren door de stedelingen te infecteren met malaria.
- ***1914 - 1918:*** De Duitsers worden ervan verdacht tijdens de Eerste Wereldoorlog cholera in Italië en pest in St. Petersburg verspreid te hebben en biologische bommen op Engeland gegooid te hebben.
- ***1915:*** De Duitse-Amerikaan Dr. Anton Dilger wordt ervan verdacht in zijn huis in Washington in samenwerking met de Duitse regering *Bacillus anthracis* en *Pseudomonas mallei* gekweekt te hebben en via dokwerkers paarden, ezels en runderen besmet te hebben die bestemd waren voor de geallieerde troepen in Europa.
- ***1925:*** Verdrag van Genève, waarin het gebruik van biologische wapens wordt verboden.
- ***1932:*** Bij de invasie van Mantsjoerije beginnen de Japanners met experimenten voor de biologische oorlogsvoering.
- ***1936:*** In Ping Fan (Mantsjoerije, Japan) wordt Unit 731 opgericht, een beruchte militaire installatie. De Japanners experimenteren er met zo'n beetje alle denkbare micro-organismen, zoals miltvuur, tularemie, gele koorts, pest, pokken, hepatitus, tetanus en tyfus. Als proefkonijnen fungeren vooral gevangenen. Bij de Japanse experimenten vallen tot de overgave na de bom op Hiroshima in 1945 naar alle waarschijnlijkheid ruim 10 duizend slachtoffers.
- ***1941:*** De Britten experimenteren met anthrax op het Schotse eilandje Guinard.
- ***1942:*** De Russische troepen infecteren de Duitsers bij Stalingrad met tularemie en worden er zelf ook het slachtoffer van.
- ***1941 - 1943:*** De Verenigde Staten starten in Camp Detrick met onderzoek naar biologische wapens.
- ***1946:*** Waarschijnlijk is er een overeenkomst gesloten tussen de VS en Japanse medewerkers van Unit 731. De oorlogsmisdaden worden kwijtgescholden in ruil voor gegevens om biologische wapens te maken.

- ***1954 - 1966:*** Amerikanen hebben Brucella om clusterbommen te maken, starten met grootschalige produktie van *Franscilla tularemia,* ontwikkelen een fabriek voor de productie van virussen en rickettsiae en starten met simulatie-experimenten met biologische wapens.
- ***1967 - 1969:*** Het wapenprogramma in de VS krijgt steeds minder subsidie en de publieke opinie keert zich steeds meer tegen biologische wapens.
- ***1969:*** De Amerikaanse president Nixon beëindigt eenzijdig en onvoorwaardelijk de productie en opslag van biologische wapens.
- ***1971 - 1972:*** Er wordt gemeld dat alle bestaande Amerikaanse voorraden biologische wapens worden vernietigd.
- ***1972:*** In Genève wordt het Verdrag voor Biologische en Chemische Wapens opgesteld. Dit gaat verder dan de overeenkomst in 1925 en verbiedt ook de ontwikkeling, productie en opslag van biologische wapens.
- ***1972:*** Leden van de "Order of the Rising Sun" worden gearresteerd wegens het in bezit hebben van 30-40 kilo tyfus cultures om de watervoorziening in Chicago te vergiftigen.
- ***1978:*** De Bulgaarse dissident Georgi Markov wordt in Londen gedood met ricine via een steek met een paraplu.
- ***1979:*** In de Siberische stad Sverlovsk, het huidig Jekatarinaburg, ontsnapt een miltvuurwolk uit een installatie waar biologische wapens worden geproduceerd. Zeventig mensen overlijden als gevolg van de besmetting.
- ***1981:*** Aanhangers van de Bhagwan Shree Raneesh besmetten voedsel in vier eetgelegenheden in Dallas om lokale verkiezingen te verstoren. Meer dan 750 Amerikanen lopen voedselvergiftiging op na consumptie van het besmette voedsel.
- ***1995:*** Aanhangers van de Japanse sekte Aum Shinrikyo laten het zenuwgas sarin ontsnappen in de metro van Tokyo.
- ***1995:*** Larry Wayne Harris, een laboratorium-technicus uit Ohio, slaagt erin om - met niet meer dan een creditcard en een vervalst briefhoofd - per post drie buisjes met de verwekker van de pest, *Yersinia pestis*, te bestellen bij de American Type and Tissue Culture Collection (ATTCC). Het ATTCC kreeg argwaan toen Harris na drie dagen ongeduldig informeerde waar zijn bestelling bleef. Harris bleek lid te zijn van een ultra-rechtse racistische organisatie.

- ***1998:*** Larry Wayne Harris wordt gearresteerd omdat hij probeerde in Las Vegas anthrax te verspreiden. De anthrax stam die in zijn bezit was, was een onschuldige veterinaire vaccin stam.
- ***1999:*** Volgens de Monterey WMD Terrorism Database zijn in 1999 175 NBC-incidenten. Van deze 175 incidenten hebben er 104, waarvan 81 anthrax-gevallen, plaatsgevonden in de VS. De meerderheid van de gevallen was loos alarm.
- ***1999:*** Osama bin Laden heeft geprobeerd biologische wapens te verkrijgen uit Sudan en Afghanistan.
- ***2001:*** In de VS worden meerdere gevallen van anthrax gemeld. Op 5 oktober overlijdt Robert Stevens, het eerste slachtoffer, aan een miltvuurbesmetting via de luchtwegen. Eind 2001 bevestigt het CDC (Center for Disease Control and Prevention) dat er 21 gevallen zijn van anthrax-besmetting.

2.2 Biologische wapens

Biologische wapens zijn veel dodelijker dan chemische wapens of kernwapens. Het verschil tussen chemische en biologische agentia is dat het effect van chemische wapens in enkele seconden zichtbaar is en dat de meeste effecten te zien zijn op de huid. Het is dan ook erg belangrijk na een aanval direct te decontamineren. Een aantal voorbeelden van chemische stoffen die als wapen kunnen dienen zijn arseenverbindingen, cyanides, organofosfaten, ammonia, chloorverbindingen, mosterdgas en sarin. De effecten van biologische agentia daarentegen, zijn pas na enkele dagen tot enkele weken merkbaar. Vaak zijn deze agentia niet actief op de huid en is decontaminatie niet altijd nodig. Een ander groot verschil met chemische stoffen is dat biologische agentia vaak overdraagbaar zijn.

Het verschil tussen de dodelijkheid van biologische en chemische wapens is enorm. Inademing van ongeveer 8 duizend sporen van anthrax-bacteriën (ongeveer 0.01 microgram) resulteert in een ziekte die vrijwel altijd binnen vijf dagen tot de dood leidt. De hoeveelheid anthrax-bacteriën komt overeen met een ingeademde dodelijke dosis van ongeveer een milligram van het zenuwgas sarin, een ongeveer honderdduizend keer zo grote dosis. Tien gram efficiënt verspreide anthrax-sporen zouden theoretisch evenveel slachtoffers kunnen maken als een ton sarin.

In vernietigingskracht worden biologische wapens alleen overtroffen door de krachtigste kernwapens, dat wil zeggen waterstofbommen. Een aanval met een kernwapen ter grootte van de bom op Hirosjima (met een explosieve kracht van 12,5 kiloton TNT) is te vergelijken met een aanval met 300 kg sarin-zenuwgas of 30 kg antraxsporen.

Biologische wapens zijn ook goedkoop en worden daarom ook vaak "the poor man's bomb" genoemd. De kosten per slachtoffer bedragen slechts een fractie van die van conventionele of kernwapens of van zenuwgassen.

Anthrax is een van bruikbaarste ziekteverwekkers die tegen de mens gebruikt zouden kunnen worden. Er zijn echter meerdere ziekteverwekkers waarvan men gebruik zou kunnen maken. Hieronder volgt een overzicht van dergelijke biologische wapens:

Anthrax

Anthrax is een zoönose veroorzaakt door de sporenvormende bacterie *Bacillus anthracis,* een aërobe, gram-positieve, staafvormige bacterie. De sporen kunnen onder ongunstige omstandigheden tientallen jaren overleven, waardoor zij geschikt en inzetbaar zijn voor bioterrorisme. Verspreiding door de lucht kan over grote afstanden plaatsvinden en ingeademde sporen kunnen in de lagere luchtwegen terecht komen. Er zijn drie soorten ziekteverschijnselen, afhankelijk of de inname van de bacterie is geschiedt via voedsel of inademing:
1. cutane anthrax
2. respiratoire pulmonale anthrax
3. intestinale anthrax.

Het meest voorkomende anthrax-geval bij de mens is cutane anthrax. Cutane anthrax ontwikkelt zich doordat een bacterie zich nestelt onder de (beschadigde) huid. Als er sprake is van cutane anthrax, ontwikkelt zich een pijnloze jeukende papel, die overgaat in een blaar die meestal omringd wordt door blaasjes en zwellingen. Als de lesie zich ontwikkelt in de nek of in de nabijheid van het oog kan dat ernstige complicaties geven. De incubatietijd voor cutane anthrax is 1 tot 7 dagen. Als een patiënt niet de effectieve antibiotica krijgt, is het sterftecijfer 10-20%. Met een goede behandeling is het sterftecijfer minder dan 1%.

Respiratoire anthrax ontstaat als de bacterie ingeademd wordt in de longen. De eerste symptomen lijken op een milde, a-specifieke luchtweginfectie waarna een progressieve infectie volgt. Een biologische aanval met anthrax-sporen verspreid via aërosolen geeft een pulmonale anthrax en omdat de pulmonale anthrax gewoonlijk niet tijdig gediagnosticeerd wordt, is het sterftecijfer 90 - 100%. De ziekte start na een incubatieperiode van 1 tot 6 dagen, afhankelijk van de geïnhaleerde dosis, en gaat gepaard met vermoeidheidssymptomen en koorts. De ziekte kan vergeleken worden met een groot aantal virale, bacteriële en schimmelinfecties. De initiële symptomen worden echter in het geval van anthrax gevolgd door ernstige bloedvergiftiging en de dood kan binnen 48 uur volgen.

Door infectie van het maag-darmkanaal ontstaat ingestie van de sporen waarna voornamelijk het slijmvlies van oropharynx of ileum/coecum wordt aangedaan. Gastro-intestinale anthrax bij de mens is zeer zeldzaam.

Botulisme

Botulisme wordt veroorzaakt door vergiftiging met neurotoxinen, gemaakt door de bacterie *Clostridium botulinum*. De neurotoxinen zijn eiwitten met een moleculair gewicht van ongeveer 150 kD die zich kunnen binden aan pre-synaptische receptoren waardoor geen acetylcholine vrij kan komen. Hierdoor is er geen vrijgave van neurotransmitter en ontstaan er spierverlammingen. De blokkade manifesteert zich via een acute neuropathie van hersenzenuwen en resulteert in spierzwaktes. Klinische verschijnselen treden op binnen 24 uur tot enkele dagen en manifesteren zich in een droge mond, dubbelzien, verwijde pupillen, hangende oogleden en moeilijkheden met slikken en praten. Aantasting van de spieren van de ledematen, middenrif en van de ademhalingspieren maken beademing noodzakelijk. Het sterftecijfer is ongeveer 60% als geen behandeling plaatsvindt. In zuivere vorm is het toxine een witte kristallijne stof die gemakkelijk oplosbaar is in water en een lage LD50 heeft, namelijk 1 nanogram/kg.

Brucellose

Brucellose is een zoönose die veroorzaakt wordt door een viertal organismen, namelijk *Brucella melitensis*, *B. abortus*, *B. suis* en *B. canis*. Bij de mens neemt de ernst van de virulentie af in de gegeven volgorde. Deze bacteriën zijn kleine, gram-negatieve, aërobe, niet-beweeglijke coccobacillen en groeien in monocyten en macrophagen. Zij kunnen ook overleven in weefsel en beenmerg en zijn erg moeilijk te bestrijden, zelfs via een behandeling met antibiotica. Het natuurlijk reservoir voor deze bacteriën zijn diverse dieren zoals geiten, schapen en kamelen (*B.melitensis*), rundvee (*B.abortus*) en varkens (*B.suis*). *Brucella canis* is een pathogeen bij honden en veroorzaakt zelden een ziekte bij de mens. De mens kan besmet worden via aërosolen, drinken van niet-gepasteuriseerde melk of eten van rauw vlees en via kleine wondjes in de huid en muceuze membranen en via de ademhalingsorganen.

De bacterie wordt gebruikt bij biologische oorlogvoering omdat het organisme gemakkelijk gevriesdroogd kan worden. Onder bepaalde omstandigheden (donker, lage temperatuur en hoge CO_2-concentratie) kan de bacterie meer dan twee jaar besmettelijk blijven. Als de bacterie gebruikt wordt bij biologische oorlogvoering wordt ze meestal verspreid via aërosolen. Na een incubatieperiode van 3 tot 4 weken manifesteert brucellose zich als een acute, sub-acute of chronische ziekte met algemene symptomen en een typisch intermitterende koorts.

Cholera

Cholera is een ziekte die gepaard gaat met diarree en wordt veroorzaakt door *Vibrio cholera*, een kleine, gekromde, beweeglijke, gram-negatieve staafbacterie. De mens krijgt de ziekte door water of voedsel in te nemen dat geïnfecteerd is met het organisme. De bacterie vermeerdert zich in de dunne darm en produceert een enterotoxine dat een waterdunne diarree veroorzaakt. Als cholera wordt gebruikt als biologisch wapen ligt het meestal niet voor de hand om het te gebruiken als aërosol, maar om er watervoorraden mee te besmetten. Overgeven is vaak het eerste symptoom van de ziekte en kan de orale aanvulling van vloeistoffen bemoeilijken. Het ontbreken van buikpijn, krampen en koorts is vrij typisch voor cholera. Zonder therapie is het sterftecijfer van ernstige gevallen 50% of hoger, met adequate therapie (rehydrateren) verwaarloosbaar klein.

Clostridium perfingens toxines

Clostridium perfringens is een anaërobe bacterie die geassocieerd wordt met een drietal ziektes: gasgangreen, infectieuze hepatitus en voedselvergiftiging. De syndromen worden veroorzaakt doordat de bacterie op een specifieke plaats binnendringt. De gevolgen van het gebruik van deze bacterie als biologisch wapen zijn verregaand en moeilijk voor te stellen. Er zijn ten minste 12 toxinen bekend die geproduceerd en geconcentreerd kunnen worden en vervolgens gebruikt als biologisch wapen. Het alphatoxine, een goed gekarakteriseerd en erg toxisch phospholipase C, is dodelijk als het verspreid wordt als aërosol.

Gasgangreen is een goed herkenbare levensbedreigende infectie. De ziektesymptomen zijn in het begin licht maar worden gevolgd door een snel verspreidende bloedvergiftiging. De diagnose wordt daarom meestal pas postmortaal gesteld. De bacteriën produceren toxinen die voor de hoge lethaliteit en intensieve pijn van gasgangreen zorgen. Binnen een aantal uren verschijnt een systemische toxiteit, inclusief verwarring, snelle hartslag en zweten. De meeste *Clostridia* soorten vormen grote hoeveelheden CO_2 en waterstof die intense zwellingen geven. Hieraan ontleent gasgangreen zijn naam. De infectie schrijdt voort met een snelheid van 10 cm/uur en vroege diagnose en therapie zijn essentieel om snelle verergering van de ziekte en uiteindelijk de dood te voorkomen.

Pest

Pest is een zoönose veroorzaakt door de bacterie *Yersinia pestis*. Onder normale omstandigheden wordt de mens geïnfecteerd door contact met knaagdieren en hun vlooien. De overdracht van de gram-negatieve coccobacil komt door een beet van een geïnfecteerde vlo. Onder natuurlijke omstandigheden wordt een aantal klinische verschijnselen onderscheiden, namelijk liesinfectie, bloedvergiftiging en longontsteking. Pulmonale hoest geeft koorts, hoofdpijn en slapte en geeft bloed en slijm bij de hoest. In twee tot vier dagen treedt verergering op met verschijnselen van shock en uiteindelijk de dood als er geen therapie wordt gestart.

In een biologische oorlog kan de pestbacil aangevoerd worden via besmette vectoren (vlooien) die een liesinfectie veroorzaken of, meer voor de hand liggend, via aërosolen die een longontsteking veroorzaken.

Q koorts

Q koorts is een zoönose die veroorzaakt wordt door een rickettsia, namelijk *Coxiella burnetii*. De belangrijkste dierlijke dragers zijn schapen, runderen en geiten. De mens krijgt de ziekte door deeltjes te inhaleren die besmet zijn met het organisme. Een aanval in een biologische oorlog veroorzaakt een ziekte die vergelijkbaar is met een natuurlijke ziekte.

Na een incubatieperiode van 10 tot 20 dagen leidt Q koorts tot een koortsaanval die 2 dagen tot 2 weken kan duren. De meestal ook optredende longontsteking kan alleen door een röntgenfoto van de borst aangetoond worden.

Ricine

Ricine is een glyco-proteïne toxine van 66kD en wordt geïsoleerd uit het zaad van de *Ricinus communis* (Euphorbiaceae). Het toxine blokkeert de eiwitsynthese door het rRNA te veranderen waardoor de cel gedood wordt. De betekenis van ricine als biologisch wapen heeft te maken met het gemak waarmee het te produceren is en met de ernstige longontsteking die optreedt als het agens geïnhaleerd wordt.

In het algemeen hangt het klinische beeld af van de manier van besmetting. Alle bekende ernstige infecties geven vrijwel dezelfde symptomen: misselijkheid, overgeven, maagkrampen en ernstige diarree met vaatvernauwing waarbij de dood vanaf de derde dag na infectie intreedt. Na inademing kunnen niet-specifieke symptomen ontstaan zoals doofheid, koorts, hoesten en onderkoeling gevolgd door lage bloeddruk en vaatvernauwing. De preciese doodsoorzaak is niet bekend en varieert waarschijnlijk met de ontwikkeling van de besmetting en ziekte.

Pokken

Het pokkenvirus is een orthopox-virus met een smal gastheerspectrum dat zich beperkt tot de mens en was in de westerse wereld tot voor kort een belangrijke doodsoorzaak. Uitroeiing van de ziekte werd bereikt in 1977 en het laatste humane geval (een laboratoriuminfectie) was in 1978. Tegenwoordig is het virus nog aanwezig in twee laboratoria in de VS en Rusland. Het zich voordoen van een ziektegeval buiten het laboratorium zou een signaal zijn dat het virus gebruikt wordt als biologisch wapen. Bij natuurlijke infecties wordt het virus overgebracht door een direct contact met iemand die geïnfecteerd is of door braaksel en soms door aërosolen. Het pokkenvirus is zeer stabiel en de infectiviteit van het virus houdt lang aan buiten de gastheer.

De incubatieperiode is ongeveer 12 dagen en het ziektebeeld van algemene malaise met hoge koorts, moeheid en hoofd- en rugpijn houdt 2 tot 3 dagen aan. Dit wordt gevolgd door een karakteristieke huiduitslag die begint met verheven rode lesies, later gevuld met pus. In de tweede week ontstaan korsten, die na 3 tot 4 weken verdwijnen en littekens achterlaten. Na genezing kunnen de patiënten er blijvende botafwijkingen en blindheid aan overhouden. Ongeveer 30% van de besmette patiënten overlijdt. Immuniteit na vaccinatie kan de ziekte voorkomen of de ziekteverschijnselen veranderen.

Tularemia

Tularemia is een zoönose veroorzaakt door *Franscisella tularensis*, een gram-negatieve bacil. De mens wordt geïnfecteerd door besmet weefsel van geïnfecteerde dieren of door beten van geïnfecteerde teken. Het gebruik van *F. tularensis* als biologisch wapen veroorzaakt een buiktyfus, een koortsende ziekte, verder zonder aanwijsbare verschijnselen of symptomen indien het als een aërosol verspreid wordt. In dat geval sterft ongeveer 10% van de geïnfecteerden. Dat percentage is iets hoger dan wanneer er sprake is van een natuurlijke infectie.

Tyfus

Tyfus wordt veroorzaakt door *Rickettsia prowazeki,* een kleine, coccoïde bacterie. De meeste ziektes die door Rickettsia veroorzaakt worden zijn zoönosen. Ze worden overgebracht door arthropoden, zoals teken, mijten en vlooien. *Rickettsia prowazekii* vermenigvuldigt zich in epitheelcellen van de mens en geeft een acute, koortsende ziekte. De eerste symptomen doen denken aan hevige griep: koude rillingen, algemene malaise, hoofdpijn, spierpijn en sufheid. Op de vierde of vijfde dag ontstaat een uitslag, eerst op de schouders en in de oksels, en later zich uitbreidend over romp en ledematen. Aanvankelijk zijn het roze vlekjes, die kunnen worden weggedrukt, maar al spoedig krijgen ze een donkerrode of zelfs bruine kleur, doordat bloed buiten de vaten treedt. Naarmate de ziekte vordert, neemt de hoofdpijn toe, evenals de sufheid, die kan overgaan in slaperigheid en verstarring. Indien onbehandeld, overlijdt de patiënt.

Epidemiën van tyfus beslechtten vanaf de zestiende eeuw veel oorlogen. Tussen 1918 en 1922 zouden zich in Oost-Europa en Rusland 30 miljoen gevallen hebben voorgedaan met naar schatting 3 miljoen doden. In de tweede wereldoorlog kwam de ziekte veel voor in concentratiekampen in Oost-Europa en Noord-Afrika.

Virale hemorragische koorts

Virale hemorragische koorts is een verzamelnaam voor een groep ziektes die worden veroorzaakt door sterk uiteenlopende virussen met als kenmerken koorts en bloedingen. Een groot aantal van deze virussen leidt tot ernstige, levensbedreigende ziektes. Veel voorkomende virale hemorragische koortsen zijn gele koorts, Marburgkoorts, Lassakoorts, dengue hemorragische koorts, Krim-Congo hemorragische koorts en Ebolakoorts.

Voor sommige van deze ziektes is verspreiding via contact met bloed, ontlasting en secreta mogelijk. Ook kan besmetting met een virus plaatsvinden met behulp van een vector die het virus over kan brengen. Dit kan bijvoorbeeld gebeuren via een steek van een geïnfecteerde steekmug zoals het geval is met gele koorts en dengue.

Virale hemorragische koortsen hebben veel a-specifieke kenmerken. Meerdere verschijnselen kunnen optreden, zoals koorts, hoofdpijn, spierpijn, lage rugpijn (bij Ebola-koorts en dengue), oogbindvliesontsteking, geelzucht, braken, ongebruikelijke bloedingen (hemorragie), uitdroging, lage bloeddruk, verstoorde nierfunctie, epileptische aanvallen en coma.

Zeker zolang de aard van de verwekker niet bekend is bij een patiënt met tekenen van een virale hemorragische koorts, moet de patiënt in strikte isolatie worden verpleegd. Wanneer de aard van de ziekte bekend is kunnen de maatregelen eventueel worden aangepast. Zo is bij gele koorts geen bronisolatie nodig, maar bij Lassakoorts of Ebolakoorts zal strikte isolatie moeten worden gehandhaafd.

3. Bioterrorisme

3.1 Inleiding

Er is een wezenlijk verschil tussen biologische oorlogvoering en bioterrorisme. Bij biologische oorlogvoering is de doelpopulatie een goed gedefinieerde groep militairen met een zekere leeftijdsopbouw, sekseverdeling, trainingsniveau en beschermingsniveau, die zich op een bepaalde plek bevindt. Het doel is deze hele groep uit te schakelen.

Bioterrorisme heeft echter in principe de gehele wereldbevolking als doelpopulatie. Een groep mensen zonder geografische beperking en van alle leeftijden, zonder enige bescherming en training. Niet altijd is het maken van veel slachtoffers het doel van (bio-)terroristen, soms is het doel om wereldwijd paniek te zaaien. Bioterroristen moeten meestal gezocht worden in de volgende categoriën:

- politiek-religieuze fundamentalisten die de samenleving willen ontwrichten,
- militante aanhangers van linkse, rechtse, etnische en/of nationalistische bewegingen,
- rancuneuze (intelligente) eenlingen (zoals de UNA-bomber in de VS) en
- dierenactivisten die de veehouderij willen saboteren.

Een biologisch wapen kan ernstiger gevolgen hebben dan chemische wapens. Geïnfecteerde individuen kunnen de ziekte in een groot gebied gedurende langere tijd verspreiden. Iemand die met het pokkenvirus is geïnfecteerd kan de ziekte op meer dan 20 personen overbrengen. Een chemisch wapen daarentegen kan alleen mensen besmetten die op de plaats zijn waar de chemicaliën verspreid worden.

Het is echter moeilijk om een dodelijk virus of dodelijke bacterie te transformeren in een wapen dat effectief verspreid kan worden. Een bom die een biologisch agens bevat zal de ziektekiemen grotendeels vernietigen tijdens de explosie. Het effect van de verspreiding van het infectieuze agens met behulp van aërosolen is ook wisselend omdat biomaterialen meestal in een natte vorm voorkomen en daardoor problemen geven als ze in een ander milieu gebracht moeten worden.

Een voorbeeld van de moeilijkheden van een aanval met chemische en biologische wapens is de aanval in de ondergrondse van Tokio van de apocalyptische religieuze sekte Aum Shinrikyo (Hoogste Waarheid) in maart 1995. Een aantal sekteleden verspreidden het dodelijke sarin-gas in de coupés. Ze hadden pakketjes bij zich, verpakt in bruin papier. Ze legden deze pakketjes onder hun stoel en gebruikten de punt van een paraplu om er gaten in te prikken. Uit de pakjes ontsnapte het dodelijke sarin-gas in de coupé en alleen een zwakke geur waarschuwde voor wat er komen ging. Na ongeveer 15 seconden waren de eerste effecten merkbaar: een beklemmend gevoel in de borst, een moeizame ademhaling, pijnlijke ogen en verminderd zicht. Mensen vielen neer, duizelig, brakend, boerend, incontinent en sommigen bezweken aan stuiptrekkingen en stierven. Er brak paniek uit en bij het volgende station zochten naar adem snakkende mensen op de tast naar de deuren. Uiteindelijk vonden twaalf mensen de dood en raakten 5500 mensen gewond. Als de terroristen geen gebrekkige partij sarin gebruikt hadden en het effectiever hadden verspreid, had hun aanslag tienduizenden mensen het leven kunnen kosten. Het was niet de eerste aanslag die de sekte ondernam. In juni 1994 hebben ze met sarin zeven mensen gedood in Matsumoto, een bergstadje ten noorden van Tokio.

De sekte Aum Shinrikyo is ook bezig geweest om biologische wapens te ontwikkelen. De politie ontdekte dat ze 160 vaten hadden van een middel om *Clostridium botulinum* bacteriën, die het botulinegif produceren, te kweken. Ze hebben ook geprobeerd daar iets van rondom Tokio te verspreiden, maar zonder resultaat. In 1990 en 1993 hebben ze geprobeerd het toxine te verspreiden vanuit een auto die om het Nationale Parlementsgebouw en door het centrum van de stad reed. Ze hebben tevens geëxperimenteerd met anthrax-sporen die ze vanaf het dak van een acht verdiepingen hoog gebouw in het oosten van Tokio sproeiden. Door de gebrekkige verspreiding van de infectieuze agentia zijn alleen vogels en planten gedood en gelukkig geen mensen.

Het feit dat de Aum-sekte niet in staat was om mensen te infecteren met anthrax wordt door terrorisme-experts uitgelegd met de constatering dat biowapens soms moeilijk te hanteren zijn door extremisten. Wetenschappers van de Universiteit van North Arizona in Flagstaf hebben de gebruikte anthrax-sporen geanalyseerd en gevonden dat er heel veel infectieuze micro-organismen aanwezig waren. DNA-analyse typeerde de gebruikte bacilli als de Sterne-stam die gebruikt wordt voor de bereiding van een levend anthrax-vaccin voor dieren. De Sterne anthrax-stam mist een DNA-fragment dat de bacterie nodig heeft om een ziekte te veroorzaken. Als de Aum sekte een virulente stam gebruikt had dan zouden er zeker vele slachtoffers gevallen zijn.

De sekteleden hebben er wellicht ook aan gedacht om pokken te verspreiden door zichzelf te infecteren en zich daarna in een dichte mensenmassa te begeven waardoor het virus zich kan verspreiden. Maar ook in een dergelijk scenario zouden een groot aantal mensen niet geïnfecteerd raken omdat de infectie-overdracht erg kan variëren en omdat het virus alleen gedurende tien dagen na het optreden van het pokkenbeeld erg infectieus is.

Tot voor kort was het mogelijk om de veroorzakers van anthrax, pest en brucella voor een gering bedrag te verkrijgen.

Op dit moment zijn wetenschappers het meest bezorgd over de effecten van pokken- en anthrax-infecties. Beide agentia kunnen zich in poedervorm via de lucht verspreiden en kunnen op korte termijn een dodelijke ziekte veroorzaken. Pokken zou zelfs veel slachtoffers kunnen veroorzaken omdat het zich van persoon tot persoon kan verspreiden. Er is echter een toenemende bezorgdheid over de mogelijke biologische agentia die bioterroristen kunnen gebruiken als wapen (zie tabel 2. Bron: Eric K. Noji, Bioterrorism: A new global environmental health threat, Global Change & Human Health, volume 2, no.1 (46-53)).

In de afgelopen jaren zijn er meerdere bioterroristische aanvallen geweest op groepen mensen, niet alleen om mensen te doden maar vooral om paniek te zaaien (zie tabel 3). In september 1984 besmetten leden van de Rajneesh-sekte cafetaria's in Dallas (Oregon) met *Salmonella typhi* die buiktyfus veroorzaakt. Ze probeerden de uitkomst van een plaatselijke verkiezing te beïnvloeden. Er vielen geen doden, maar 750 mensen werden ziek.

Tabel 2. Biologische agentia die gebruikt kunnen worden als biologisch wapen.

Categorie A*:	Categorie B**:	Categorie C***:
• *Variola major* (pokken)	• *Coxiella burnetti* (Q koorts)	• Nipah virus
• *Bacillus anthracis* (anthrax)	• Brucella soorten (brucellose)	• Antavirus
• *Yersinia pestis* (pest)	• *Burkholderia mallei* (droes)	• Tickborne hemorrhagische koorts virus
• *Clostridium botulinum* (botulisme)	• Alphavirussen Venezulaanse encephalitis Eastern and western equine encephalitis	• Tickborne encephalitis virus
• *Francisella tularensis* (tularemia)	• Ricine toxine (*Ricinus communis*)	• Gele koorts
• Filovirussen Ebola virus Marburg virus	• Epsilon toxine (*Clostridium perfringens*)	• Multidrug-resistente tuberculose
• Arenavirussen Lassavirus Junin virus	• Staphylococcus enterotoxine B Een onderdeel van de categorie B zijn pathogenen die voedsel en water kunnen besmetten. Een aantal van deze pathogenen zijn: – Salmonella soorten – *Shigella dysenterie* – *Escherichia coli* 0157:H7 – *Vibrio cholerae* – *Cryptosporidium parvum.*	

Eigenschappen van micro-organismen

* *Categorie A:*

- *zijn gemakkelijk te verspreiden*
- *veroorzaken een hoge mortaliteit en hebben een mogelijk grote uitwerking op de volksgezondheid of veroorzaken verregaande economische consequenties*
- *veroorzaken grote paniek en sociale destabiliteit*
- *vergen speciale voorbereidingen vanuit de volksgezondheidsstructuren*

** *Categorie B:*

- *zijn relatief gemakkelijk te verspreiden*
- *veroorzaken een matige morbiditeit en een lage mortaliteit*
- *vereisen speciale diagnostische voorzieningen en verbeterde surveillance*
- *ontwrichten de gezondheidszorg*

*** *Categorie C:*

- *beschikbaarheid*
- *zijn gemakkelijk te produceren en te verspreiden*
- *kunnen uitgebreide sterfte en ziekte veroorzaken*
- *hebben specifieke eigenschappen (kunnen virulent zijn, multiresistent en aërogeen verspreid worden)*

Het volgende voorbeeld geeft aan hoe gemakkelijk het is om een aantal mensen te besmetten.

In de vroege ochtend van 29 october 1996 kregen laboranten van het St. Paul Medical Center in Dallas (Texas) een uitnodiging om gebak te komen eten in de personeelskamer. De uitnodiging bereikte hen via email en degenen die reageerden troffen twee dozen bosbessentaartjes en donuts aan. Tussen kwart over zeven 's ochtends en half twee 's middags nuttigden elf werknemers de traktatie; een van hen nam een gebakje mee naar huis.

Diezelfde dag om negen uur 's avonds kreeg de eerste gebaketer ernstige maag- en darmklachten. Tegen vier uur 's nachts op 1 november waren ze allemaal ziek. Ze waren besmet door een speciaal type *Shigella dysenteriae* dat braken, diarree, hoofdpijn en koorts veroorzaakt. Van de twaalf

Tabel 3. Overzicht van chemische en biologische terroristische aanvallen.

Jaar	Plaats	Agens
1984:	Dallas (Oregon, VS)	Salmonella
1991:	Minnesota (VS)	Ricine
1994:	Tokyo (Japan)	Sarin en biologische agentia
1995:	Arkansas (VS)	Ricine
1995:	Ohio (VS)	*Yersinia pestis*
1996:	Dallas (Dallas, VS)	*Shigella dysenteriae*
1997:	Washington DC (VS)	Anthrax
1998:	Nevada (VS)	Niet-lethale stam van *B. anthracis*
vanaf 1998:	Op meerder plaatsen bedreigingen met anthrax	

patiënten die ziek waren, werden er vier in het ziekenhuis behandeld. Ze bleven allemaal in leven.

Bioterrorisme richt zich niet alleen tegen mensen, maar ook tegen vee en gewassen. Er zijn meerdere dieren- en plantenziekten die gemakkelijk door terroristen te verspreiden zijn en grote schade kunnen aanrichten. In 1997 heeft een uitbraak van de klassieke varkenspest in Nederland een enorme economische schade aangericht waarbij miljoenen varkens gedood zijn. Bioterroristen kunnen een dergelijke schade zonder moeite verdubbelen. Agroterrorisme is aantrekkelijk voor terroristen omdat het een enorme fysieke en economische schade kan aanrichten. Bovendien zijn de ziekteverwekkers goedkoop verkrijgbaar, gemakkelijk een land binnen te smokkelen en moeiteloos op veel plaatsen te verspreiden. Daar komt bij dat de pakkans gering is en de bewijslast moeilijk te verkrijgen. Bovendien zijn er voor agroterrorisme geen zelfmoordcommando's nodig.

Het volgende voorbeeld geeft aan hoe gemakkelijk het is om een bepaalde oogst te vernietigen. Stel dat een groep ontevreden Europese wijnboeren, die boos zijn omdat hun winsten worden uitgehold door de toenemende populariteit van Californische wijnen, naar de VS gaan als toerist en een toer maken langs de wijnproducerende districten van Californië. Zo nu en dan maken ze een wandeling om een kijkje te nemen tussen de wijnstokken. Daarbij smeren ze een klein beetje gelei, die miljoenen druifluizen (*Phylloxera vasatrix*) bevat, op de grond waardoor de wortels van de planten aangetast worden. Lang nadat de Europeanen vertrokken zijn zullen de luizen tot 70% van de wijnstokken vernietigen. Ze planten zich op grote schaal voort - volgens sommige schattingen kan één luis wel 48 miljard nakomelingen voortbrengen - en worden meegevoerd door wind, water en in de aarde die aan laarzen of wielen blijft plakken. De enige manier om ze uit te roeien is door de wijnstokken te verwijderen en te vervangen door luisresistente planten, wat enorme kosten voor de bedrijfstak met zich meebrengt.

Tijdens de Tweede Wereldoorlog zijn de Duitsers bezig geweest met experimenten om de aardappeloogsten in het oosten van Engeland gedeeltelijk te verwoesten met de Coloradokever (*Leptinotorsa decemlineata*). De aanleiding van deze experimenten was de natuurlijke plaag van de Coloradokever vanuit Frankrijk en België in 1935. De militaire belangstelling werd gewekt toen de Duitse bezettingstroepen in Frankrijk ontdekten dat de Fransen onderzoek deden naar de verspreiding van plantenziekten. Ook de ontdekking dat de American Chemical Welfare Service bezig was met aardappelkevers en Texaanse teken alarmeerde de Duitsers.

De Duitse wetenschappers schatten dat er 20 tot 40 miljoen kevers nodig zouden zijn om 400.000 hectare Engelse aardappelvelden te vernietigen. In 1943 kweekte men kevers en men ging er vanuit dat er in de zomer van 1944 genoeg kevers zouden zijn om Engeland mee aan te vallen. Een echte aanval is waarschijnlijk nooit uitgevoerd.

Tegenwoordig zijn er effectieve insecticiden om de Coloradokever te bestrijden en ze worden dan ook niet meer als een bedreiging gezien. Door de Duitsers zijn er in de Tweede Wereldoorlog geen biologische en toxische wapens gebruikt als aanvalswapen en/of vergeldingswapen. Het onderzoek naar offensieve toepassingen was voor de Duitse wetenschappers verboden, maar defensief onderzoek geeft natuurlijk ook kennis hoe een aanval uitgevoerd moet worden. Wel hebben ze onderzoek gedaan naar de bruikbaarheid van het mond- en klauwzeervirus en geprobeerd de effecten van mosterdgas en anthrax te optimaliseren.

In een rapport van het Amerikaanse ministerie van Defensie in 2001 worden veertien dierziekten en zeven plantenziekten genoemd die gemakkelijk door terroristen zijn te verspreiden en grote schade kunnen aanrichten. Zo zou een aanslag met mond- en klauwzeer voor 15 miljard dollar schade kunnen aanrichten en een aanslag met de schimmelziekte "sojaroest" zelfs voor 8 miljard dollar per jaar. Een hardnekkige aantasting van het voedselsysteem zou volgens het rapport het gezag van de overheid en zelfs de defensiecapaciteit van de VS kunnen ondermijnen.

Zulk agroterrorisme is ook denkbaar in Europa. Een voorproefje van de mogelijke gevolgen hebben we in 1977 gekregen bij de varkenspest en in 2000 bij de MKZ in Nederland en Groot-Brittannië.

De landbouw is nauwelijks voorbereid op bioterrorisme. De huidige verdediging van vee en gewassen tegen ziekten en plagen bestaat uit drie linies: hygiëne, ziektebestrijding en versterking van de natuurlijke weerstand.

De eerste linie, hygiëne, begint aan de grenzen. Geïmporteerde planten en dieren worden gecontroleerd op ziekten en plagen en zo nodig teruggestuurd of in quarantaine gehouden. Door de mondialisering van de handel en het personenverkeer wordt deze verdediging beetje bij beetje ondergraven.

De tweede linie, ziektebestrijding, houdt in dat als de ziekte uitbreekt ze te lijf wordt gegaan met bestrijdingsmiddelen of diergeneesmiddelen, inclusief antibiotica of dat zieke planten en dieren vernietigd worden (stamping out!). Maar bestrijdingsmiddelen en geneesmiddelen worden steeds meer aan banden gelegd door eisen op het gebied van voedselveiligheid en milieu.

De derde verdedigingslinie is het inbouwen van biologische weerstand tegen ziekten in het landbouwsysteem. Dat kan onder meer door rassen te veredelen op ziekteresistentie, eventueel met behulp van genetische technieken, en door vee te vaccineren. Probleem bij vaccinatie is dat het sterk wordt ontmoedigd door het handelsbeleid. Alhoewel er testmethoden zijn die "markervaccins" detecteren kunnen landen importen van vee en vlees weigeren uit landen die vaccineren tegen een bepaalde ziekte. Dit handelsbeleid creëert biologische tijdbommen die een gemakkelijk doelwit zijn voor terroristen. Om hier een doorbraak te forceren zijn er ingrijpende beleidswijzigingen nodig. Het zou de kwetsbaarheid voor bioterrorisme kunnen verminderen maar het zou er ook voor kunnen zorgen dat er bij resistente gewassen en veerassen minder bestrijdingsmiddelen c.q. minder diergeneesmiddelen, waaronder antibiotica, nodig zijn. Dat zou gunstig zijn voor de voedselveiligheid en het milieu. Vaccinatie zou de taferelen van het massaal "ruimen" van vee kunnen besparen.

Om agrobioterrorisme te bestrijden dient ervoor gezorgd te worden dat de landbouw minder kwetsbaar is.

3.2 Anthrax (miltvuur)

Anthrax oftewel miltvuur is een zoönose veroorzaakt door de aërobe, sporenvormende bacterie *Bacillus anthracis*. De namen anthrax en *Bacillus anthracis* verwijzen naar de antracietkleurige, zwarte korsten die karakteristiek zijn voor miltvuurpatiënten. Miltvuur dankt zijn naam aan de vergrote, ontstoken milt van de slachtoffers. De eerste vermelding van anthrax dateert uit 1491 voor Christus, in Egypte. Ook de Hindoes, Grieken en Romeinen kenden de ziekte zowel bij dier als mens. Een pandemie veroorzaakte in de zeventiende eeuw in Europa vele dierlijke en menselijke slachtoffers. Het aantal geïnfecteerden van deze infectie is in de loop van de twintigste eeuw drastisch gedaald dankzij adequate hygiënemaatregelen en vaccinatie van risicogroepen en dieren. In de geïndustrialiseerde landen is de ziekte een zeldzame beroepsziekte (wolsorteerdersziekte) geworden. In meer agrarische landen in Afrika, Azië en het Midden-Oosten komt de ziekte plaatselijk voor. Wetenschappers schatten dat in een "topjaar" wereldwijd ongeveer 10 duizend gevallen van anthrax kunnen voorkomen, meestal veroorzaakt door besmet vee. In Nederland is de ziekte uiterst zeldzaam, in totaal zijn er sinds 1976 slechts zeven gevallen van humane anthrax gemeld, waarvan de laatste twee in 1994.

"Ik zou voor miltvuur kiezen," zegt de medisch microbioloog Huub Schellekens, gevraagd naar zijn favoriete biologisch wapen. Het is gemakkelijk te verkrijgen, relatief eenvoudig te bewerken en gemakkelijk te verspreiden. Miltvuur is niet besmettelijk, dus het voldoet niet aan alle kenmerken van een ideaal biologische wapen, maar het heeft een eigenschap die andere biologische wapens niet hebben: het blijft heel lang op de plek waar je het hebt verspreid. Anthrax kan op veel plaatsen, zoals Afghanistan, gewoon in de bodem voorkomen. Grazers als geiten en schapen kunnen zo besmet raken en uit de dode dieren kunnen bacteriën worden gewonnen. Er is geen ingewikkeld laboratorium nodig om vervolgens grote hoeveelheden anthrax en anthraxsporen te kweken. Om biologische wapens te maken, is niet zo veel nodig. Volgens Huub Schellekens is 25 duizend euro voldoende om apparatuur te kopen die overal verkrijgbaar is en men heeft een laboratoriumruimte nodig zo groot als een garage. Dit in tegenstelling tot het maken van een nucleair wapen waar geavanceerde faciliteiten voor nodig zijn die vele miljoenen euro's kosten. De benodigde technische vaardigheden om anthrax te kweken zijn binnen een paar weken te leren en wie over een internetverbinding beschikt, kan de benodigde kennis zo oppikken, zelfs uit officiële stukken van de NAVO. Tot voor kort was het zelfs mogelijk om bij de American Tissue Type Culture Collection (ATTCC) in Rockville (Maryland) allerlei gevaarlijke gevriesdroogde bacteriën, zoals *Bacillus anthracis* te bestellen. Irak heeft, volgens Scott Ritter, een van de VN-inspecteurs, in zijn wapens de Vollum-stam van anthrax gebruikt die was geleverd door de ATTCC. Biologische wapens zijn ook veel goedkoper en efficiënter dan andere wapens; zo kan 10 gram anthrax evenveel mensen doden als 1000 kg sarin. In onderstaande tabel 4 zijn de productiekosten vermeld van enkele wapens die gebruikt kunnen worden om de burgerbevolking uit te schakelen.

Tabel 4. Vergelijking van de productiekosten van diverse wapens.

A. Conventionele wapens	\$ 2.000/km²
B. Nucleaire wapens	\$ 800/km²
C. Chemische wapens	\$ 600/km²
D. Biologische wapens	\$ 1/km²

De miltvuurbacterie, *Bacillus anthracis*, is zo hardnekkig omdat de bacterie in barre omstandigheden in een winterslaap-achtige toestand overgaat; blootgesteld aan de lucht of in de bodem, kapselt de zuurstofmijdende bacterie zich in en vormt een zogeheten miltvuurspore. Dergelijke sporen behouden decennia lang hun kiemkracht. Op het Schotse eiland Gruinard, waar het Britse leger in 1942 proeven deed met de miltvuurbacterie, werden ruim veertig jaar na dato nog sporen van de bacterie aangetroffen die in staat waren om de ziekte te veroorzaken.

De kans op opzettelijke besmetting met de miltvuurbacterie lijkt klein zoals ook mag blijken uit het relatief geringe aantal miltvuurbesmettingen in de VS. In 1998/1999 zijn er in de Verenigde Staten volgens een opgave van het Center for Disease Control and Prevention (CDC) ongeveer tweehonderd brieven onderzocht op de miltvuurbacterie. In twaalf gevallen was er sprake van *Bacillus anthracis*. Drie patiënten zijn bezweken, allen ten gevolge van een besmetting via de luchtwegen, de meest ernstige variant van de ziekte. Dit hoeft echter niet te betekenen dat hier sprake is geweest van bioterrorisme. Het kan ook betekenen dat enkele rancuneuze werknemers of gefrustreerde lieden, op de één of andere manier in het bezit zijn gekomen van een portie miltvuur.

Hoewel het niet zo moeilijk is om de miltvuurbacterie in handen te krijgen, is het nog een hele kunst om de ziekteverwekker efficiënt te verspreiden. Daarvoor zouden de miltvuursporen verneveld moeten worden, een technologisch hoogstandje dat ervoor zorgt dat de deeltjes zolang mogelijk in de lucht blijven dwarrelen. De in de Verenigde Staten aangetroffen miltvuurbrieven lijken geen van allen "weapons-grade": de reikwijdte van de sporen is daarvoor te klein en het infectiegevaar te gering.

De grootste uitbraak van miltvuur die bekend is, is het ongeluk in 1979 bij de toenmalige Russische stad Sverdlovsk, nu Jekatarinenburg. Naar schatting 7000 mensen werden blootgesteld aan de ziekteverwekker door de ontsnapping van miltvuur-bacteriën uit een geheim militair laboratorium. Vermoedelijk werden daar biologische wapens ontwikkeld. De geheimzinnige dood van 68 mensen en honderden dieren is niet veroorzaakt door de consumptie van niet-gekeurd vlees zoals de autoriteiten altijd beweerd hebben. Onderzoekers van het voormalige Amerikaanse defensielaboratorium in Los Alamos in New Mexico hebben met behulp van de polymerase chain reaction (PCR) ontdekt dat meerdere stammen van de miltvuurbacterie aanwezig waren in het weefselmateriaal van elf slachtoffers. Als er sprake is van een epidemische uitbraak van natuurlijke oorsprong wordt er slechts één van die stammen teruggevonden.

Heb je de ziekte eenmaal onder de leden, dan is in een vroeg stadium nog behandeling met antibiotica mogelijk. Onbehandeld kan miltvuur dodelijk zijn. De meest gevaarlijke miltvuurbesmetting, via de luchtwegen, is in meer dan tachtig procent van de gevallen dodelijk. Normaal gesproken verloopt overigens vijfennegentig procent van de besmettingen met miltvuur via de huid, een infectieroute die in aanmerkelijk minder gevallen fataal is. Wanneer de ziekte niet behandeld wordt, overlijdt twintig procent van de patiënten. Als er echter via genetische manipulatie (zie hoofdstuk 4) een miltvuurbacterie gemaakt zou worden die resistent is tegen antibiotica, dan is de ramp niet te overzien.

De miltvuurbacterie mag als biologisch wapen misschien (nog) niet zo effectief zijn, de bacterie is zeer efficiënt in het ontwrichten van een samenleving. De Verenigde Staten waren na de catastrofale gebeurtenissen op 11 september 2001 in New York en Washington gegijzeld door de angst voor miltvuur. In Nederland is de eerste paniek rond miltvuur al weer geluwd: het aantal telefoontjes dat binnenkomt op de speciale informatielijn van het ministerie van VWS is fors gedaald.

3.3 Pokken

Het virus dat pokken veroorzaakt is het variola-virus en behoort tot de familie Poxviridae en het genus Orthopoxviridae. Deze groep is pathogeen voor de mens. Het variola-virus kan onderverdeeld worden in variola major en variola minor. Variola major is het gevaarlijkst en zorgt voor 30 à 40% sterfte. Het virus kan zich verspreiden via hoesten en lichaamscontacten.

Het eerste gedocumenteerde geval van pokken is waarschijnlijk dat van de Egyptische farao Ramses V en dateert uit 1157 v. Chr. Hierna is de verspreiding van pokken over de wereld heel erg snel gegaan. Het pokkenvirus werd waarschijnlijk voor het eerst als biowapen gebruikt tijdens de oorlog tussen de Fransen en Indianen in Noord-Amerika. Soldaten gaven kleren en dekens van pokkenpatiënten aan de indianen, om zo hun tegenstanders uit te schakelen. Controle van pokken door doelbewuste infecties met milde vormen werd al eeuwen beoefend. Het werd variolisatie genoemd en was gevaarlijk maar verminderde het aantal desastreuze effecten van grote epidemieën van 25% tot 1%. Edward Jenner introduceerde vaccinatie met koepokstof in 1798. In 1967 introduceerde de

World Health Organisation (WHO) een wereldwijde campagne om pokken uit te roeien. Destijds waren er 33 landen met endemische pokken en 10 tot 15 miljoen gevallen per jaar. Het laatste Aziatische geval was in 1975 in Bangladesh en het laatste natuurlijke slachtoffer wereldwijd was in Somalië in 1979.

Officieel is pokken dus uitgeroeid in 1979 en er zijn meerdere redenen voor dit grote succes:
het vaccin is gemakkelijk te maken, is stabiel en veilig en vaccinatie van de gehele wereldbevolking was niet nodig. Gevallen werden opgespoord en mensen in het omliggende gebied werden gevaccineerd.

Uitroeien was ook mogelijk omdat er geen menselijk reservoir was. Er was een stabiel serotype en een effectief vaccin. Subklinische infecties treden niet op en chronische asymptomatische gevallen komen niet voor. Patiënten werden zo snel ziek dat ze onder de aandacht van medisch personeel kwamen en dus zelden of nooit onopgemerkt bleven.

Het pokkenvirus is nu nog te vinden in het "Centre for Disease Control and Prevention" (CDC) in Atlanta en in het "Institute for Viral Precautions" in Moskou, twee samenwerkende centra van de "World Health Organization" (WHO). Men is echter bang dat ook andere landen over het virus beschikken doordat wanhopige Russische wetenschappers het virus verkocht hebben.

De productie van een potentioneel biowapen is eenvoudig. Een lab dat vreedzame vaccins maakt, kan ook goedkope voorraden levende wapens produceren. Beheersing en effectiviteit zijn echter een probleem. De medewerkers moeten afdoende beschermd worden en het is moeilijk om de kwaliteit te bepalen en ervoor te zorgen dat er niets ontsnapt. Speciale condities moeten ervoor zorgen dat het virus kan overleven tijdens de opslag. Een andere moeilijkheid is het wapen op een effectieve manier op de juiste plaats te brengen. Veel biologische materialen leggen het loodje bij een overdosis UV-licht of door uitdroging. Als een organisme eenmaal in de lucht is dan ligt zijn lot in de handen van de wind. Er zijn speciale technieken nodig om pokkenvirussen in grote hoeveelheden op te kweken en geschikt te maken voor verspreiding als aërosol.

Als het wel zou lukken om pokken als biowapen te gebruiken en in grote hoeveelheden te verspreiden, dan zou het resultaat desastreus zijn. Omdat het virus officieel is uitgeroeid, is de wereldwijde beschikbaarheid van vaccins beperkt en is er in elk land een grote populatie die nog nooit in aanraking is geweest met het virus. De personen die wel gevaccineerd zijn, zijn ook niet meer beschermd, omdat de vaccinatie maar 5 tot 10 jaar betrouwbaar is. Een epidemie zou snel om zich heen kunnen grijpen en een grootscheepse vaccinatiecampagne zou nodig zijn om de gevolgen enigszins in te dammen. Een opgeslagen voorraad vaccin hoeft waarschijnlijk nooit meer vervangen te worden, omdat gevriesdroogd vaccin een potentie behoudt wanneer het opgeslagen is bij -20°C. Aërosolverspreiding van pokkenvirussen is effectief omdat het virus stabiel is in aërosolvorm. Tussen het verspreiden van pokken als aërosol en de diagnose van het eerste geval zit zo'n twee weken, omdat de incubatieperiode 12 tot 14 dagen is. In die tijd kunnen meerdere mensen ongemerkt besmet worden.

Een andere verspreiding van het virus, bijvoorbeeld in een gesloten luchtcirculatiesysteem, veroorzaakt bij vrijwel iedereen een infectie. Secundaire verspreiding zal echter nog veel meer slachtoffers maken waardoor de potentie van pokken als biowapen sterk wordt verhoogd. Het pokkenvirus kan zich namelijk verspreiden van mens tot mens (door druppeloverdracht), maar ook kleding en beddengoed van patiënten zijn zeer besmettelijk en kunnen het virus verder verspreiden. De overdrachtssnelheid zal ongeveer 10:1 of zelfs 15:1 zijn. Dus zelfs als er "maar" 200 à 300 mensen besmet worden, kan door secundaire verspreiding het aantal gevallen oplopen tot wel 4500. Het virus kan zich dus zeer goed door de populatie verspreiden, tenzij dit geremd wordt door vaccinatie en/of patiëntisolatie.

3.4 "Emerging infections"

Nieuwe infecties zullen, daar waar mensen zijn, blijvend over de gehele wereld opduiken. Het risico van deze infecties is niet beperkt tot arme landen. Er zijn wereldwijde pandemieën van HIV en cholera en jaarlijks is er sprake van influenza-uitbraken. Vooral het laatste jaar zijn we opgeschrikt door de wereldwijde dreiging van het SARS (Severe Acquired Respiratory Syndrome) virus.

De oorzaken van het verschijnen van (nieuwe) infecties zijn onduidelijk en onderzoek is niet gemakkelijk. Het is duidelijk dat veranderingen in het gedrag van mensen en het zich verplaatsen van grote groepen mensen daarop invloed heeft. Ook de technologie en industrie heeft grote invloed op het verschijnen van nieuwe infecties. In de westerse landen worden bijvoorbeeld bloed en bloedproducten voor menselijk gebruik ingevroren en getest op HIV en andere infectieuze agentia. In een groot gedeelte van de wereld wordt bloed niet zo uitgebreid getest en het is dan ook verklaarbaar dat bij bloedtransfusies infecties optreden. Bovendien dreigt er de komende jaren een nieuwe risicobron bij te komen in de vorm van zogenaamde xenotransplantaties. Dat zijn medische operaties waarbij organen van dieren (vooral van varkens) worden ingebracht bij mensen. Met het transplanteren van een varkensorgaan kan ook een varkensvirus meegetransplanteerd worden en de kans bestaat dat zo'n virus zich in een menselijke gastheer ontwikkelt tot een nieuwe, besmettelijke variant. Veranderingsprocessen van de technologie en industrie, zoals ontbossing, hebben ook een belangrijke invloed gehad op het verschijnen van nieuwe infecties. Daarnaast geeft de toename van exotische vakanties de mens de mogelijkheid om in gebieden te komen waar hij nog nooit is geweest. In dergelijke gebieden loopt men echter de kans om in aanraking te komen met bacteriën en virussen die niet herkend worden door het immuunsysteem.

De primitieve leefwijze en gebrekkige gezondheidsvoorzieningen in sommige niet-westerse gebieden kunnen ook een belangrijke rol spelen in de verspreiding van nieuwe infectieziekten. Een voorbeeld hiervan zijn de infecties met het Ebola virus. Het ontstaan van de Ebola uitbraak in Kikwit in Afrika had te maken met het feit dat de gevaarlijke infectie pas na enkele maanden opviel. De verspreiding van het virus werd versneld door het ontbreken van goede sanitaire voorzieningen. De infectie kon zich uitbreiden omdat het isoleren van zieke mensen werd bemoeilijkt en omdat het mogelijk was dat zieke patiënten het gebied konden verlaten. Toen men er achter kwam dat de overdracht van de ziekte veroorzaakt werd door contact met lichaamsvloeistoffen konden de patiënten op een adequate manier verzorgd worden en nam de overdracht snel af.

Meer dan 400 miljoen mensen reizen jaarlijks van het ene continent naar het andere. Tijdens deze lange internationale vluchten is er een verhoogd risico voor de overdracht van tuberculose en influenza. De verplaatsingen van mensen en goederen hebben ertoe bijgedragen dat het virus dat denque (knokkelkoorts) veroorzaakt zich verspreid heeft over een groot gebied. Voor 1990 beperkte de epidemische transmissie zich tot Nigeria. Gedurende de jaren 1991 - 1994 heeft het virus zich verspreid over het gehele continent en na 1995 is het virus ook aangetoond in Amerika.

De overdracht van denque gebeurt door de muskiet *Aedes aegypti*. Een van de oorzaken van de snelle verspreiding is het transport van de muskiet via oude autobanden. Deze rubberbanden worden via de scheepvaart van de ene naar de andere plaats vervoerd. Het achtergebleven water in de banden vormt een goed micro-klimaat voor de muskiet. Er zijn nu voorschriften voor het verwijderen van schadelijk en infectieus materiaal in de autobanden voordat deze ingescheept worden. Maar zoals met de meeste gezondheidsvoorschriften geldt ook hier dat men de put dempt als het kalf verdronken is.

Een ander klassiek voorbeeld van een "emerging infection" is de verspreiding van het HIV. Ofschoon het virus alleen wordt overgebracht via seksueel contact of bloed heeft het virus zich in enkele jaren verspreid over de hele wereld. Ook hierbij speelt de gebrekkige screening van bloed(producten) in diverse landen een grote rol. Erg bekend is de hausse die er indertijd is geweest in Frankrijk toen men nagelaten heeft om het bloed dat gebruikt werd bij bloedtransfusie goed te controleren. Dit heeft tot gevolg gehad dat tientallen mensen besmet zijn geraakt met HIV.

Een tweetal andere factoren speelt ook een belangrijke rol bij het verschijnen van (nieuwe) infecties. Ten eerste is het ontstaan van resistente micro-organismen een enorm groot probleem. De belangrijkste oorzaak dat micro-organismen resistent worden is het overmatig gebruik van antibiotica, ofwel door direct gebruik ofwel door de restanten antibiotica in voedsel. Zeer veel antibiotica worden namelijk gebruikt in de veterinaire sector om de groei van vee te bevorderen.

De opkomst van tuberculose is een voorbeeld van een dergelijke infectie. De resistentie van *Mycobacterium tuberculosis* wordt niet alleen veroorzaakt door een overmatig gebruik van antibiotica maar ook doordat de behandeling onvoldoende en niet adequaat is. De HIV epidemie heeft ook invloed op de behandeling van tuberculose omdat de immuunrespons verzwakt is door het HIV waardoor de gastheerrespons tegen de tuberkel bacil en andere mycobacteriële infecties afneemt.

Een tweede factor die invloed heeft op het opkomen van nieuwe infecties zijn de problemen die samenhangen met de controle op de veiligheid van voedsel(producten). In de VS sterven jaarlijks 5 duizend mensen door schadelijke micro-organismen en komen meer dan 325 duizend mensen in een ziekenhuis terecht, terwijl er 76 miljoen ziektegevallen zijn als gevolg van voedselvergiftiging. Met de opkomst van een wereldwijde vrije markt, komen nieuwe producten op de markt waarvan we niet precies weten hoe ze geproduceerd en gecontroleerd zijn. Een aantal problemen zijn al gesignaleerd met de verspreiding van *E.coli* 0157:H7 en een variant (BSE) van de verwekker van het Creutzfeldt Jacob syndroom. Vooral in Engeland heeft BSE, tesamen met de traditionele voedselpathogenen, zoals *E.coli, Salmonella* en *Campylobacter*, een geweldige opwinding veroorzaakt in de voedselindustrie.

Om veilige produkten op de markt te brengen zal veel aandacht besteed moeten worden aan preventieve maatregelen. Vooral nu in deze tijd, met de bioterroristische dreigingen, zal de overheid zijn verantwoordelijkheid hoog op de agenda moeten zetten.

In Nederland hebben we de laatste jaren ook gemerkt dat veranderde omstandigheden (intensieve veehouderij, niet meer vaccineren, etc) een geweldige impact hebben op de economie. Varkenspest, mond- en klauwzeer en vogelpest hebben de agrarische sector enorme schade toegebracht. Bij het dichtslibben van de menselijke populatie moet in de toekomst ook rekening gehouden worden met een enorme gevoeligheid van de mens voor diverse infectieuze organismen. Ook kunnen de gevolgen catastrofaal zijn als een virus over de "soortbarrière" heenspringt. Een voorbeeld hiervan is de overdracht van het vogelpestvirus. Wetenschappers zijn er lang vanuit gegaan dat vogelpest niet rechtstreeks op de mens kan worden overgedragen. Er zou een intermediair nodig zijn om het virus over te brengen. Het varken was volgens hen een ideaal virusmengvat, omdat dit dier zowel door humane influenza's als door aviaire influenza's kan worden besmet. Als die situatie zich inderdaad voordoet zouden de twee virussen kunnen samensmelten en dan is het hek van de dam en de gevolgen kunnen dan wereldwijd desastreus zijn. De vorige eeuw hebben drie nieuwe virussen miljoenen mensen het leven gekost. Tijdens het Symposium werd het volgende voorbeeld toegelicht door Prof. Dr. Ab Osterhaus: "Onlangs werd een 14-jarig meisje uit Utrecht ziek. Ze had blaren rond haar ogen en in de rest van haar gezicht. In eerste instantie werd gedacht aan anthrax. Later bleek dat het kind een zieke rat had verzorgd die dood was gegaan. De rat werd opgegraven en de doodsoorzaak vastgesteld: koeienpokken. Het virus was van het knaagdier overgegaan op het meisje. Niemand van de specialisten had aan pokken gedacht." Zeker in het geval van een bioterroristische aanslag is het van belang dat ziektesymptomen herkend worden. Anders vindt er een snelle verspreiding van ziekten plaats die moeilijk in te dammen is. Epidemieën die het gevolg zijn van de verhuizing van een virus van de ene gastheersoort naar de andere, zullen in de komende eeuw talloze levens gaan eisen, vreest Prof. Dr. Ab Osterhaus.

Op dit moment zijn we nog niet bekomen van de wereldwijde dreiging van SARS. Het is nu bekend dat SARS veroorzaakt wordt door een variant van een coronavirus. De humane variant van het coronavirus is een verkoudheidsvirus dat niet echt schadelijk is voor de mens. In de veterinaire sector spelen een aantal coronavirussen wel een belangrijke rol, zoals het Infectieuze Bronchitis virus (IBV) bij de kip en het Transmissible Gastroenteritis virus (TGE) bij het varken. Een aantal virussen zoals het Muize Hepatitus virus (MHV) kan demyelinisatie veroorzaken terwijl het Feline Infectieuze Peritonitis (FIP) virus bij katten een verstoring geeft van de immuunrespons. Dit alles betekent dat er geen zogenaamd standaardvirus is maar dat veranderingen in het genoom en het gastheerspectrum enorme gevolgen kan hebben voor een populatie.

Voor het bioterrorisme betekent dit allemaal dat de mens kwetsbaar is voor nieuwe infectieuze organismen. In het verleden heeft de Japanse Aumsekte monsters van het Ebola-virus proberen te bemachtigen. Over de vraag of een terreurgroep met zo'n virus zou kunnen omgaan wordt verschillend gedacht. Normaal moet men onder strikte veiligheidsmaatregelen werken maar als zo'n groep de nodige microbiologische kennis heeft en het risico wil nemen om in een mindere veilige omgeving te werken, kan men experimenteren met het Ebola-virus.

4. Moleculaire biologie vs bioterrorisme

4.1 Inleiding

Wetenschappelijke ontwikkelingen in de biotechnologie vergroten de dreiging van biologische oorlogsvoering en bioterrorisme. De huidige explosieve groei van de biotechnologie lijkt een ware revolutie teweeg te brengen. Het terrein dat deze snel groeiende toegepaste wetenschap bestrijkt, is zeer uitgestrekt. De meeste toepassingen van de technieken vinden we in de biomedische laboratoria. Behalve voor de productie van geneesmiddelen bieden de nieuwe technologieën ook grote mogelijkheden op het gebied van diagnostiek van infectieuze organismen en erfelijke ziekten. De biotechnologie kwam een tiental jaren geleden in een stroomversnelling toen het mogelijk werd om een nieuw stuk genetische informatie toe te voegen aan het DNA van een bacterie. Deze bacterie wordt daardoor gedwongen een, voor deze eencellige, vreemde stof te produceren zoals insuline of interferon.

Ondanks de sterke recente groei van de biotechnologie wordt al sinds lange tijd gebruik gemaakt van biotechnologische processen. Zo'n tien duizend jaar geleden werden via gistingsprocessen wijn en later ook brood, bier en kaas geproduceerd. Pas in de 19^{e} eeuw vond men een wetenschappelijke onderbouwing van biotechnologische processen. In 1857 ontdekte Louis Pasteur, ook wel de vader van de biotechnologie genoemd, dat micro-organismen de veroorzakers zijn van de vergisting van suikers tot alcohol en melkzuur. De fermentatie-industrie deed, door de inmiddels vergaarde kennis, begin 20^{e} eeuw zijn intrede, aanvankelijk met eenvoudige niet-steriele processen zoals de productie van glycerol, butanol, ethanol, aceton, azijnzuur en later citroenzuur. Vanaf de jaren veertig konden met behulp van meer geavanceerde technieken een groot aantal antibiotica zoals penicilline (vanaf de Tweede Wereldoorlog) door middel van fermentatie worden geproduceerd.

De "nieuwe biotechnologie" heeft zich kunnen ontwikkelen door de ontdekking van het deoxyribonucleïnezuur (DNA) waarin de erfelijke informatie opgeslagen ligt. DNA werd al in 1869 als chemische stof door Miescher beschreven. In 1944 werd door Avery en collega's bewezen dat DNA de drager van genetische informatie is en in 1953 rapporteerden Watson en Crick de waarschijnlijk meest significante moleculaire studie van de vorige eeuw. Gebaseerd op gegevens van de röntgen-kristallografen Franklin en Wilkins, stelden zij de dubbele helix voor als basisstructuur van een DNA-molecuul. In het jaar 1966 werd in een aantal laboratoria de laatste hand gelegd aan het ophelderen van de genetische code. Zoals voorspeld door Watson en Crick, lag de genetische code verborgen in de basenvolgorde van DNA. In de jaren zeventig zijn methoden ontwikkeld om de basenvolgorde in een DNA-molecuul te bepalen (DNA-sequentie-analyse). In de jaren tachtig werden deze methoden gevolgd door de PCR (Polymerase Chain Reaction) technologie, waarmee *in vitro* in een kort tijdsbestek grote hoeveelheden DNA-moleculen gesynthetiseerd kunnen worden. Door aan de PCR snelle automatische sequencers te koppelen zijn veel nucleïnezuursequenties geanalyseerd en geidentificeerd. In de jaren tachtig werd ook de basis gelegd voor het Humane Genome Project (HUGO/HGP), het meest prestigieuze moleculair biologische project aller tijden, dat tot doel heeft de genetische informatie van de mens in kaart te brengen. In februari 2001 is de ruwe versie van het humane genoom gepubliceerd en uit deze gegevens blijkt dat de mens ongeveer 32.000 genen heeft, veel minder dan altijd werd gedacht. De komende jaren zal deze sequentie verfijnd worden en kan een begin gemaakt worden met het ophelderen van de functie van al deze genen.

De humane genoom projecten zullen in de toekomst een belangrijke rol spelen in de behandeling van specifieke ziektes, ontwikkeling van testen om ziektes in een vroegtijdig stadium op te kunnen sporen en ook om na te gaan of genetische verschillen een rol spelen in ziekteprocessen.

4.2 Gentherapie

Een van de meest concrete medische toepassingen van de recombinant DNA techniek is de gentherapie waarmee gendefecten in het humane genoom hersteld kunnen worden. De kennis van het DNA en de inzichten van de prokaryotische expressiemethoden zijn de basis geweest voor gentherapie bij mensen. Bij gentherapie kan men namelijk gebruik maken van specifieke virale expressievectoren. Doelcellen worden *in vitro* opgekweekt in speciale media tesamen met de vector. Nadat infectie is opgetreden, worden de cellen weer terug in het lichaam gebracht. Het moeilijkste probleem is echter om het toegediende gen op stabiele wijze te laten functioneren in de behandelde cel. Bij een andere methode brengt men de vector rechtstreeks in het individu, bijvoorbeeld door inademen van een aërosol, door infusie of via een infectie.

De genen die men wil introduceren kunnen twee functies hebben. Ze coderen voor een normaal eiwit dat een tekort moet aanvullen of ze zijn een antagonist van een abnormaal eiwit dat storend aanwezig is in de cel. Een andere therapeutische benadering kan zijn om de expressie van een gen in bepaalde cellen te wijzigen door regelgenen in te brengen die de hinderlijke genen uit kunnen schakelen. Het is ook mogelijk om in bepaalde cellen (bijvoorbeeld kankercellen) een recombinant gen in te brengen dat zorgt voor de synthese van een toxische stof die de kwaadaardige cel uit kan schakelen.

Gentherapie kan in de toekomst ook worden gebruikt als een genetisch wapen om specifieke genen, die bepaalde groepen mensen hebben, als target te gebruiken.

4.3 Producten van micro-organismen

In biotechnologische processen worden de micro-organismen gebruikt om bepaalde nuttige producten te maken. Vaak zijn dat chemische verbindingen die door de micro-organismen geproduceerd worden. Soms is men echter alleen geïnteresseerd in de biomassa zelf. De cellen zelf kunnen dus het gewenste product zijn. Maar net zoals de micro-organismen de basisbestanddelen zijn van heilzame biologische producten, zo zijn ze ook de basis van biologische wapens. Dit zogeheten "dual-use" probleem - het feit dat exact dezelfde technologie kan worden gebruikt voor zowel legitieme biotechnologie als illegaal wapentuig - is een van de moeilijkste problemen waarvoor onderhandelaars komen te staan die de verbreiding van biologische wapens binnen de perken proberen te houden.

Een aansprekend voorbeeld is de productie van toxinen die zo'n twintig jaar geleden moeizaam onttrokken moesten worden aan het materiaal waarin ze voorkwamen. Zo leverde 270 kg slakkensifo's minder dan 5 gram van het verlammende gif saxitoxine op. Tegenwoordig kan het gen dat voor de productie van het toxine codeert, worden geïsoleerd en via vectoren in bacteriën worden gebracht die in korte tijd grote hoeveelheden van het toxine kunnen produceren.

Een ander voorbeeld is het kweken van *Clostridium botulinum,* een anaëroob micro-organisme dat toxinen produceert die erg schadelijk zijn voor de mens en zonder behandeling dodelijk. De infectiedosis is erg laag en een paar nanogram toxine veroorzaakt al een ernstige ziekte. In de Tweede Wereldoorlog werd de bacterie al geproduceerd door de Duitsers en de VS om op het slagveld te gebruiken. In Irak was na de Golfoorlog 18 duizend liter geconcentreerd toxine aanwezig, genoeg om de wereldbevolking uit te roeien. De Japanse sekte Aum Shinrikyo zou van Amerikaanse bedrijven geavanceerde moleculaire ontwerpsoftware geleverd hebben gekregen waarvan het doel is de moleculaire structuur van chemicaliën of micro-organismen te herontwerpen om ze sterker of gevaarlijker te maken. Bij de sekte zijn in de jaren negentig tevens grote hoeveelheden van een middel ontdekt om *Clostridium botulinum* te kweken, een micro-organisme dat botulinegif produceert. Het is dus niet denkbeeldig dat men bezig is geweest om met behulp van bovenstaande technieken gif te produceren om te gebruiken voor een terroristische aanslag.

Na anthrax staat botuline als tweede op de wereldranglijst van biologische oorlogswapens. Het middel kan de ademhalingsspier verlammen, maar wordt ook al jaren gebruikt voor medische doeleinden zoals behandeling van bepaalde spastische oogziekten, migraine en te actieve zweetklieren. Botox is ook een "verzorgingsmedicijn" in de vorm van botuline toxine A dat via een injectie wordt ingespoten in het gezicht om 3 tot 4 maanden rimpelloos door het leven te gaan. Via het toxine botuline A worden de mimische spieren lam gelegd en wanneer er preventief wordt behandeld blijven zelfs frontrimpels, kraaienpootjes en voorhoofdsrimpels achterwege.

4.4 Manipulatie van bacteriën en virussen

In 1995 werd het zenuwgas sarin verspreid in de ondergrondse van Tokio en in 2001 werd anthrax via de post in de VS verspreid. Beide gebeurtenissen hebben grote paniek veroorzaakt. Echter, een aantal mensen vreest dat het effect van deze stoffen mild is vergeleken met wat terroristen kunnen aanrichten als ze biowapens kunnen maken, met de beschikbare moderne moleculaire technieken, die infectieus en dodelijk zijn.

In een doemscenario zou men kunnen denken aan genetisch gemodificeerde micro-organismen die resistent zijn tegen antibiotica of die gevaarlijke toxinen kunnen maken en zelfs virale vectoren kunnen bevatten die pathogeen DNA kunnen overdragen. Sommige micro-organismen zouden zelfs zodanig gemodificeerd kunnen worden dat ze niet herkend worden door het humane immuunsysteem en ook niet aangetoond kunnen worden met behulp van diagnostische technieken.

Het bovenstaande is geen science fiction want in de afgelopen jaren is er al onderzoek gedaan in deze richting. In de tachtiger jaren werd door het apartheidsregime in Zuid-Afrika een biologisch wapenprogramma, genaamd "Project Coast", ontwikkeld. Een van de doelstellingen van dat programma was om met behulp van genetische manipulatie een "zwarte bom" te maken. Deze bom moest de zwarte Afrikanen verzwakken of doden terwijl het geen effect mocht hebben op de blanke Afrikanen. Gelijktijdig met de ontwikkeling van de "black bomb" wilde "Project Coast" faciliteiten ontwikkelen om op grote schaal anthrax te maken dat gebruikt zou kunnen worden om zwarte guerillastrijders in en buiten Zuid-Afrika uit te schakelen. Ook is er gedacht om een onvruchtbaarheidspil te ontwikkelen die op een slinkse wijze in de vorm van een vaccin aan zwarte Afrikaanse vrouwen gegeven zou kunnen worden. Geen van deze doelstellingen is uiteindelijk succesvol gebleken, maar het is de vraag hoe dicht Zuid Afrika bij een "black bomb" was. Een andere vraag blijft of er landen zijn die gewerkt hebben aan vergelijkbare projecten.

In een hoofdartikel van de Sunday Times van 15 november 1998 werd meegedeeld dat de Israeli's bezig waren met de ontwikkeling van een etnische bom. Hierbij probeerden de Israeli's specifieke genen te identificeren die alleen bij Arabieren en specifiek bij Irakezen voorkomen. De bedoeling was om met bepaalde virussen of bacteriën het DNA in gastheercellen te veranderen. Wetenschappers probeerden dodelijk microorganismen te ontwikkelen die alleen cellen aanvallen die specifieke genen bevatten.

De wetenschappers van de gewezen Iraakse dictator Saddam Hoessein zouden op hun beurt hebben geprobeerd een virus te ontwikkelen tegen Israëli's. Intrigerende science fiction-achtig aandoende onheilstijdingen over de "etnische bom" zijn er genoeg. Er is echter geen enkel bewijs dat er ooit aan zo'n etnisch wapen is gewerkt en het zal er waarschijnlijk ook wel nooit komen. Genocide met behulp van genetische technologie is waarschijnlijk niet mogelijk met de huidige kennis van de moleculaire biologie. Op grond van wat er bekend is van de diversiteit van het humane genoom lijkt het onmogelijk dat er ooit biologische wapens gemaakt kunnen worden die bepaalde bevolkingsgroepen uit kunnen schakelen. Mensen hebben voor meer dan 99 procent hetzelfde genoom. Er zijn dus meer overeenkomsten dan verschillen. Zelfs als er een verschil gevonden wordt, is het twijfelachtig of het geografisch bepaald is. Het bedrijf deCODE doet experimenten op het "afgesloten" IJsland om na te gaan of DNA-profielen gecombineerd kunnen worden met ziektegenen. Niet alleen op IJsland maar ook elders zijn aanwijzingen dat bepaalde genetische ziektes gekoppeld kunnen worden aan bepaalde allelfrequenties. De genetische variatie tussen de IJslanders is echter nog groter dan bij andere bevolkingsgroepen die niet samen op een eiland wonen.

De verontrusting dat er een variant ontwikkeld zou kunnen worden van een virus of bacterie, zodat er sprake is van een genetisch gemanipuleerd biologisch wapen, is echter veel groter. Miltvuur (anthrax) is al een effectief wapen maar het wordt nog dodelijker als de miltvuurbacterie resistent gemaakt wordt tegen antibiotica.Tijdens laboratoriumtesten werd gevonden dat *Bacillus anthracis* soms beta-lactamase produceert dat de antibiotica penicilline en cephalosporine inactiveert. Vanwege deze eigenschap heeft de CDC doen besluiten om geen penicilline te gebruiken bij de anthrax-aanvallen in Amerika in 2002. Het ontwikkelen van antibiotica-resistente bacteriestammen zou een stap voorwaarts zijn voor de bioterrorist om een biowapen te ontwikkelen dat resistent is tegen de gebruikelijke therapieën. Men denkt dat Russen indertijd antibiotica-resistente stammen hebben gemaakt van bacteriën die pest, anthrax of tularemia veroorzaken.

Het manipuleren van DNA is tegenwoordig algemene leerstof en wordt in menig laboratorium uitgevoerd. Sinds de publicatie van de sequentie van het humane genoom in 2001 komen we steeds meer te weten over de genensamenstelling van de mens. Ook de ontwikkelingen in de gentherapie en het vaccin-onderzoek gaan steeds sneller. Men zal in de toekomst steeds meer te weten komen over hoe genen werken en hoe ze aan- en uitgeschakeld kunnen worden.

Het maken van nieuwe organismen is dus mogelijk zonder dat je daarvoor geavanceerde laboratoria nodig hebt. Ziekteverwekkende virussen zijn gevaarlijker te maken door de introductie van eigenschappen die een rol spelen bij het herkennen van specifieke receptoren. Men zou een virus zodanig kunnen manipuleren dat het niet alleen de target-cel infecteert maar ook allerlei andere cellen. Het is nog niet bekend welk effect het virus dan heeft, maar het zou kunnen dat het voor de gastheer desastreuze gevolgen heeft. Een ander voorbeeld is de manipulatie van het muizenpokkenvirus waaraan een gen voor cytokine IL-4 is toegevoegd. Dit veranderde virus kan het immuunsysteem uit balans brengen, veroorzaakt een heftig ziektebeeld en kan zelfs gevaccineerde muizen doden.

In de zomer van 2002 maakten enkele onderzoekers onder leiding van Dr. Eckard Wimmer van de Universiteit van New York een kunstmatige versie van het poliovirus. De onderzoekers waren in staat om afzonderlijke oligonucleotiden tot langere ketens aan elkaar te plakken en met behulp van een enzym het gesynthetiseerde DNA te transcriberen in viraal RNA dat daarna functioneerde als echt viraal RNA dat eiwitten produceerde en uiteindelijk een infectieus poliovirus vormde. Dit door de mens gemaakt virus was in staat om muizen, die voorzien waren van de humane receptor voor het poliovirus, te verlammen of te doden.

Volgens Wimmer moet het ook mogelijk zijn om andere virussen zoals influenza te synthetiseren met behulp van gepubliceerde sequentiegegevens.

De Amerikaanse genenjager Graig Venter en Nobelprijswinnaar Hamilton Smith hebben van het Amerikaanse Ministerie van Energie drie miljoen dollar gekregen om het volledig genetisch materiaal van de bacterie *Mycoplasma genitalium* na te maken in het laboratorium. In tegenstelling tot het poliovirus is deze bacterie in staat zich zelfstandig voort te planten. Venter en zijn team hebben al eerder onderzocht hoeveel genen de bacterie minimaal nodig hoeft om te kunnen functioneren. Daartoe hebben ze in het chromosoom van *M. genitalium* net zolang genen uitgeschakeld totdat ze een set van 300 genen hadden die voldoende bleek voor het uitvoeren van de basisfuncties van de bacterie. Deze genen willen Venter en Smith nu achter elkaar zetten tot een kunstmatig chromosoom. Venter verwacht dat deze kunstmatige bacterie een belangrijke bijdrage kan leveren aan duurzame energievormen en het opruimen van milieuverontreinigingen. Een dergelijk bacterie met een minimale set aan genen kun je gemakkelijk uitbreiden met DNA dat pathogene genetische informatie bevat.

In 1986 ontdekte de Deense microbioloog Sören Molin in de bacterie *Escherichia coli* een gen dat codeerde voor een dodelijk eiwit. Het gen komt in de bacterie zelf echter niet tot expressie, dus het eiwit wordt nooit geproduceerd. Molin en zijn collega Paul Andersson hebben technieken ontwikkeld waarmee het gen wel wordt geactiveerd. Ze hebben er zelfs een onderneming voor opgericht, GX Biosystems, dat in "kamikaze-genen" grossiert. De techniek van Molin en Andersson is gebaseerd op de wisselwerking tussen twee genen: het gen dat codeert voor het dodelijke eiwit en het gen dat dit gen activeert, de zogenaamde promotor. Het eerste stukje DNA fungeert bij de zelfmoord als de kogel en het tweede is de trekker.

Sommige promotors reageren op veranderingen van temperatuur, andere op de aanwezigheid of juist afwezigheid van bijvoorbeeld aminozuren in het micro-organisme.

In het bovenstaande geval is het mogelijk om met behulp van het "kamikaze-gen" de bacterie uit te schakelen.

Of bovenstaande technieken gebruikt zullen worden is niet denkbeeldig maar op korte termijn zal het waarschijnlijk niet plaatsvinden. Conventionele technieken, zoals het kweken van anthrax, zijn een stuk gemakkelijker en hebben waarschijnlijk de voorkeur van een bioterrorist.

5. Bestrijding van en verdediging tegen bioterrorisme

5.1 Inleiding

Het inperken van biologische wapens is vastgelegd in de Biologische Wapen Conventie (BWC) uit 1972, ondertekend door 157 staten, inclusief de VS, Rusland en Irak en is in 1975 effectief geworden. Het verbiedt ontwikkeling, productie, opslag en bezit van microbiologische organismen en toxines die wat betreft soort en hoeveelheid niet benodigd zijn voor medische, beschermende of andere vreedzame doeleinden.

Onderzoek naar dit soort pathogene organismen is dus niet verboden. Bovendien is er in de BWC geen verificatie-protocol opgenomen. Controle op naleving van het verdrag is daardoor vrijwel onmogelijk. Er is geen duidelijke scheidslijn tussen het werken aan de ontwikkeling van een vaccin en het ontwikkelen van een dodelijk biologisch wapen; in beide gevallen wordt namelijk onderzoek gedaan naar een pathogeen micro-organisme.

De Verenigde Staten hebben tot 1969, voordat het verdrag was ondertekend, allerlei biologische wapens ontwikkeld. Inmiddels staat bestrijding van bioterrorisme hoog op de politieke agenda. De Amerikaanse overheid heeft voor de komende jaren honderden miljoenen dollars uitgetrokken voor een defensief programma tegen bioterrorisme. Snellere detectiemethoden voor micro-organismen worden ontwikkeld evenals intensievere opsporingstactieken en er worden speciale bio-brigades opgericht in de grote steden, die bij een alarm eventuele evacuaties moeten organiseren.

Raymond Zilinskas van de Universiteit van Maryland, voormalig inspecteur van biologische wapens in Irak, heeft een aantal voorstellen gedaan voor de wapencontrole:

- zodra er aanwijzingen zijn van de aanwezigheid van biologische wapens uitgebreid onderzoek doen,
- als er verdachte ziektes uitbreken de oorzaak ervan opsporen,
- vreedzame samenwerking van wetenschappers bevorderen om hun activiteiten transparanter te maken,

- de specialisten van biologische wapens opsporen die verdwenen zijn uit de voormalige Sovjet-Unie en Irak en niet meer publiceren of plotseling erg rijk zijn geworden,
- de internationale handel in biologische apparatuur die gebruikt kan worden voor militaire en burgerdoeleinden controleren.

Maanden voor de aanslagen van 11 september 2001 hebben wetenschappers uit Australië een artikel gepubliceerd over hoe ze een zogenaamd supervirus hadden gemaakt dat muizen kan doden. Dit artikel heeft een hele discussie teweeggebracht omdat men zich afvroeg of deze informatie gebruikt zou kunnen worden om een humaan supervirus te maken. Dergelijke artikelen zijn wellicht eerder een geschenk voor toekomstige terroristen dan dat ze een betekenis hebben voor de gezondheid van de mens.

De drie belangrijkste wetenschappelijke tijdschriften, het Britse *Nature* en de Amerikaanse bladen *Science* en *Proceedings of the National Academy of Sciences* (PNAS) gaan in de toekomst een zekere censuur toepassen. Artikelen waarmee bioterroristen mogelijk hun voordeel kunnen doen, zullen worden geweigerd. Ronald Atlas, hoogleraar bioterrorisme aan de Universiteit van Louisville en president van de American Society for Microbiology (ASM) heeft in een vergadering van de American Association for the Advancement of Science mededelingen gedaan over de weigering van enkele artikelen. Een ervan bevatte gedetailleerde informatie hoe een toxine gemodificeerd kan worden zodat het dodelijk wordt. Vóór de aanslagen van 11 september en de aanvallen met anthrax hebben biologen er nooit over nagedacht om resultaten in publicaties achter te houden. Behalve bij industriële- en defensieprojecten is de vrije uitwisseling van gegevens de hoeksteen van de wetenschappelijke cultuur. Details moeten worden gepubliceerd opdat andere onderzoekers de wetenschappelijke resultaten van een onderzoek kunnen reproduceren.

Of er rekening gehouden moet worden met mogelijke veiligheidsrisico's blijft de vraag. Het probleem is namelijk dat een heleboel onderzoeksgegevens voor meerdere doeleinden gebruikt kunnen worden. Technieken om therapeutische eiwitten toe te dienen als pillen of een spray kunnen ook gebruikt worden om toxinen te verspreiden. Onderzoek naar virussen die gebruikt worden bij gentherapie kunnen anderen weer helpen om biowapens te maken. Zo zouden bepaalde virussen hele populaties met specifieke genetische kenmerken kunnen doden.

Een moratorium door toonaangevende bladen op het publiceren van wetenschappelijke gegevens die gebruikt kunnen worden door bioterroristen is niet zinvol omdat auteurs hun artikel dan naar een ander tijdschrift kunnen sturen. Ook zullen wetenschappers voordat hun gegevens gepubliceerd worden, deze eerst presenteren op wetenschappelijke congressen. Bovendien zullen in de toekomst steeds vaker gegevens op het internet gepubliceerd worden, al of niet gereviewd. Het achterhouden van gegevens zou de wetenschap kunnen schaden en juist dat willen terroristen. In de afgelopen jaren heeft de Amerikaanse regering veel geld gestopt in wetenschappelijk onderzoek om bioterrorisme te bestrijden. Zo is het genoom van de anthrax-bacterie, die de 63-jarige Bob Stevens doodde bij een van de anthrax aanvallen in 2001, bijna helemaal gesequenched door The Institute for Genomic Research (TIGR). Het hoofd van het Instituut, Claire Fraser gelooft dat het zinvol is om een genoom database te hebben voor alle agentia die gebruikt kunnen worden voor het ontwikkelen van biowapens. Als er dan een aanval komt, kan men direct in de database zien welk organisme is gebruikt, waar het vandaan komt, of het genetisch gemodificeerd is en welke antibiotica gebruikt kunnen worden.

Wetenschappers kennen hun maatschappelijke verantwoordelijkheid en het is beter dat er openheid is in informatie-uitwisseling. Moleculair biologen publiceren niet altijd alle gegevens en wisselen ook niet altijd alle materialen uit. Vaak houden ze gegevens achter om de concurrenten voor te blijven in de strijd naar erkenning of commercieel voordeel. Als dit achterhouden van gegevens algemeen geaccepteerd wordt, dan kan dat ook gebruikt worden om bioterroristen een achterstand te laten houden.

5.2 Wat te doen bij een aanval van bioterrorisme in Nederland?

Wat te doen bij een aanval van bioterroristen in Nederland is niet duidelijk. Bij een aanval van bioterrorisme zijn er in Nederland geen voorschriften maar er is wel het "Draaiboek Explosie van Infectieziekten". Het idee is dat het in principe voor de behandeling niet uitmaakt of de besmetting tot stand komt via biologische wapens of langs de natuurlijke weg. De aanpak blijft volgens de autoriteiten hetzelfde.

Bij een aanval van miltvuur is een snelle reactie van levensbelang. De ziekte lijkt in eerste instantie op griep. Echter, de geïnfecteerden moeten snel met antibiotica behandeld worden. Vaccineren tegen miltvuur is in Nederland niet mogelijk omdat het vaccin niet ideaal is vanwege de beperkte bescherming. Bovendien vertoont het allerlei bijwerkingen. Belangrijk is dat de ziekte herkend wordt door de arts, dat het ziekteagens aangetoond wordt en dat onmiddellijk met een adequate behandeling wordt gestart. Vooraf kan nagedacht worden of het zinvol is om na te denken of en wie gevaccineerd moet worden.

In Nederland bestaat tot op dit moment nauwelijks ervaring met bioterroristische aanslagen. De kans is relatief klein dat in ons land fanatici, gedreven door bijvoorbeeld geloofsovertuiging of racisme, ziekteverwekkers zullen gebruiken bij aanslagen. De kans is echter niet nihil en bovendien kunnen aanslagen, uitgevoerd door experts, desastreus zijn. Een aantal ziekteverwekkers kan als prioriteit beschouwd worden, zoals *Bacillus anthracis*, *Yersinia pestis*, *Clostridium botulism*, *Franscilla tularemia* en het pokken- en influenzavirus.

Belangrijk om te weten is:
- Hoe levensbedreigend zijn de micro-organismen?
- Hoe gemakkelijk laten ze zich verspreiden?
- Hoezeer kunnen ze het maatschappelijk leven ontwrichten?

Als de ziekte eenmaal bekend is, kan men nagaan of men patiënten in quarantaine moet plaatsen en of antibiotica en antivirale middelen toegepast kunnen worden, al dan niet in combinatie met mogelijke vaccins.

Er zijn bij veel mensen onduidelijkheden en praktische vragen betreffende bioterrorisme. Als er een aanval is met een biologisch wapen, heeft een gasmasker dan zin? Waar is de dichtstbijzijnde hulppost? Helpen antibiotica tegen miltvuur? Zijn de eerstehulpverleners bekend met alle gevaren? In een grote stad als Rotterdam met een groot havengebied zijn de voorzieningen adequaat en wordt verondersteld dat de brandweer en politie op de hoogte zijn van de te nemen maatregelen. Elders in het land waar dergelijk gekwalificeerd personeel niet aanwezig is, zullen de problemen erg groot zijn. Waar vind je dan een antwoord op allerlei vragen? Een berichtje in Trajectum (Hogeschool van Utrecht, 17-03-2003) geeft de actuele situatie weer. "Scholen moeten zich voorbereiden op oorlog" is een circulaire van het ministerie waarbij er niet wordt gewezen op een rampenplan maar op het feit dat er aandacht geschonken moet worden aan allochtone studenten.

Terreur op de hogeschool?

HET MINISTERIE HEEFT INSTELLINGEN VOOR HOGER ONDERWIJS GEWAARSCHUWD VOOR TERRORISTISCHE DREIGING. TIJD VOOR GRATIS GASMASKERS?

Universiteiten en hogescholen moeten rekening houden met terroristische dreiging, politieke onrust, werving van studenten voor de jihad en zelfs bioterreur. Dat schrijft minister Van der Hoeven van Onderwijs in een brief aan de colleges van bestuur. Ook de HvU heeft deze ontvangen, maar heeft nog geen standpunt bepaald over de brief.
Volgens de minister is er geen enkele concrete aanwijzing dat dergelijke scenario's zich zullen voordoen, maar kunnen de instellingen er maar beter op voorbereid zijn.
Sjef Vogel, commandant Bedrijfshulpverlening (BHV) voor de centrale organisatie heeft meteen besloten contact op te nemen met politie en brandweer. 'Dat wordt in de brief aangeraden. Wie weet kennen zij extra veiligheidsmaatregelen waar wij niet van op de hoogte zijn.'
De minister vraagt speciaal aandacht voor 'specifieke dreigingen' op de eigen instelling. De Technische Universiteit in Delft beschikt bijvoorbeeld over een kleine kernreactor ten behoeve van wetenschappelijk onderzoek. Of de hogeschool van Utrecht 'specifieke dreigingen' binnen haar gebouwen heeft is nog onbekend.
John van den Boogaard, eindverantwoordelijk BHV'er op de faculteit Communicatie en Journalistiek heeft de brief nog niet onder ogen gehad. 'Vreemd.' Hij erkent dat het goed is om weer eens scherp naar het calamiteitenplan te kijken. 'We moeten de boel alleen niet opkloppen. Meer legitimeren, meer bewaking? Gasmaskers uitdelen? Laat eerst de hogeschool als organisatie maar eens een standpunt innemen hoe ver we daarin gaan.'
Vogel meent persoonlijk dat de minister zich wil indekken voor eventuele schade. 'De laatste tijd moet de ene na de andere minister zich in de Tweede Kamer verantwoorden voor zijn of haar beleid. Via deze brief kan ze aantonen dat ze de veiligheid van studenten en medewerkers zoveel mogelijk heeft gewaarborgd.'

HOP, Marieke Rijsbergen

Een aantal mogelijke voorzorgsmaatregelen zijn al wel te nemen door instanties zoals eerstehulpverleners, politie en brandweer, met name:

- Waakzaamheid
- Individuele en collectieve bescherming (respiratoire gasmaskers, schuilplaatsen)
- Uitvoering van een noodplan
- Maatregelen om de volksgezondheid te beschermen (quarantaine-maatregelen)
- Behandeling (decontaminatie)
- Veiligheidsvoorschriften

Het is echter niet bekend hoe hulpverleners zullen reageren op een ramp veroorzaakt door een dodelijk pathogeen. Het is al eerder gebeurd dat een aantal mensen bij een dergelijke aanval hun post verlieten om de zorg van hun gezin op zich te nemen. Anderen zullen hun post verlaten vanwege de angst voor eigen veiligheid. Bij een bioterroristische aanval waarbij besmettelijke agentia gebruikt worden en waarbij honderden slachtoffers kunnen vallen zullen de medewerkers in de gezondheidszorg zelf beschermd moeten zijn en mogen de patiënten anderen niet infecteren. Snelle diagnostiek kan ervoor zorgen dat de patiënten in een vroeg stadium opgespoord worden en gescheiden worden van gezonde individuen. Op dit moment hebben ziekenhuizen echter maar een beperkt aantal plaatsen om geïnfecteerde patiënten af te zonderen en het is dan ook de vraag of er bij een aanval met biologische wapens voldoende ziekenhuiscapaciteit zal zijn. Er zal zeker een tekort zijn aan beademingsapparaten en andere apparatuur en waarschijnlijk onvoldoende vaccins en te weinig anti-virale middelen. Het is niet uitgesloten dat ziekenhuizen zullen worden bestormd door mensen die informatie en medische hulp opeisen. Een grote kans dat dan ook al de mobiele eenheid geveld zal zijn door de infectie.

Onlangs is er een oefening: "Stel dat...." gehouden van een griepramp en op film vastgelegd, die bedoeld is als instructiemateriaal voor gemeentebesturen, medewerkers van de GGD en GHOR (Geneeskundige Hulp bij Ongevallen en Rampen) en beleidsmakers op het gebied van rampenbestrijding en crisismanagement. Het doel van de film is dat men leert omgaan met biologische dreiging door de natuur of door terroristen en nog veel breder: hoe verdeel je de schaarse zorg.

5.3 Herkenning van ziekten

Het is belangrijk dat artsen zeldzame ziekten niet over het hoofd zien. Een van de redenen dat zeldzame aandoeningen pas in een laat stadium ontdekt worden, is dat artsen de ziekten niet herkennen door een gebrek aan ervaring met en kennis van deze ziekten. Een belangrijke taak voor de arts en microbioloog bestaat uit het actualiseren van informatie over de ziektebeelden die veroorzaakt worden door agentia die potentieel als biologisch wapen verspreid kunnen worden. Ook zal inhoudelijk correcte informatie verstrekt moeten worden aan gezondheidsautoriteiten, media en publiek.

Het is belangrijk dat artsen bijgeschoold worden in het herkennen van de effecten van allerlei infectieuze agentia. Tevens is het belangrijk dat onbekende ziekteverwekkers tijdig geïdentificeerd kunnen worden. Verder is het noodzakelijk dat er een verregaande samenwerking komt tussen binnen- en buitenlandse deskundigen op het terrein van microbiologie en de ontwikkeling en productie van specifieke vaccins, antibiotica en antivirale middelen.

Volgens het Amerikaanse model "Strategic Plan for Preparedness and Response" staat of valt de verdediging met een sterk ontwikkelde en flexibel georganiseerde openbare gezondheidszorg. Snelle herkenning van een ziektegolf is de sleutel tot succes bij de bestrijding ervan. Vanuit gezondheidskundig perspectief maakt het daarbij niet uit of er opzet in het spel is.

De Vereniging voor Infectieziekten voorziet op haar website www.infectieziekten.org in actuele en praktische informatie over de herkenning, diagnostiek, verloop en therapie
van een aantal bioterrorisme-gerelateerde infecties zoals anthrax, pokken, pest, botulisme, tularemie en ebola.

Tevens adviseert de Vereniging infectiologen en arts-microbiologen welke procedures in overweging genomen moeten worden bij vermoeden van bioterrorisme-gerelateerde infecties.

Op de website van de Landelijke Coördinatiestructuur voor Infectieziektenbestrijding is informatie te vinden over de organisatie bij uitbraken van infecties in Nederland, de bereikbaarheid van de verantwoordelijke autoriteiten en de te volgen isolatie- en desinfectieprocedures voor specifieke micro-organismen.

Op internet is daarnaast veel literatuur te vinden over achtergronden van en organisatie bij bioterrorisme. Onlangs is er een nieuw tijdschrift verschenen: Biosecurity and Bioterrorism: Biodefense Strategy, Practice and Science (uitgever Mary Ann Liebert, Inc) waarin artikelen gepubliceerd worden die gewijd zijn aan bioterrorisme. Voorts bevatten de websites van een aantal organisaties, zoals het CDC en Infectious Disease Society of America (IDSA) informatie over bioterrorisme. Deze sites geven links naar laboratoriumprotocollen voor specifieke organismen en in enkele gevallen ook informatie voor de media en publiek.

5.4 Aantonen van micro-organismen

Terroristische acties kan men pas op het spoor komen als de eerste patiënten zich bij een arts melden. Het is van levensbelang dat een arts zo snel mogelijk het uitzonderlijke van de situatie onderkent. Doorgaans geen gemakkelijke zaak, want de eerste verschijnselen zijn vaak aspecifiek en de symptomen bij een besmetting via de luchtwegen kunnen verschillen van het ziekteverloop dat voor andere blootstellingsroutes is beschreven. De ontwikkelingen in de moleculaire biologie hebben het mogelijk gemaakt om snelle laboratoriumbepalingen te ontwikkelen, in het bijzonder DNA-amplificatietechnieken, waarmee in een betrekkelijk korte tijd de aanwezigheid van bepaalde micro-organismen in lichaamsmateriaal van patiënten aangetoond kunnen worden.

Bacteriën kunnen op meerdere manieren aangetoond worden. De gouden standaard is de klassieke kweekmethode waarbij in enkele dagen de gegroeide bacteriën gedetermineerd kunnen worden, al of niet in combinatie met een biochemische methode waarbij stofwisselingsproducten of onderdelen van de bacterie aangetoond kunnen worden. Met de Polymerase Chain Reaction (PCR) kunnen specifieke nucleïnezuren geamplificeerd worden, die daarna ook gekwalificeerd en gekwantificeerd kunnen worden. De geamplificeerde producten kunnen ook met behulp van de DNA-chip technologie geanalyseerd worden. In zowel de PCR als de chiptechnologie zijn ontwikkelingen gaande die de betrouwbaarheid en snelheid enorm vergroten. Deze methoden zijn uitermate geschikt om de verwantschap aan te tonen van diverse bacteriën, maar ze zijn niet bruikbaar in noodsituaties.

Op dit moment worden ook allerlei immunologische testen gebruikt waarvan het grote voordeel is dat ze snel resultaat geven. Deze testen zijn ook buiten het laboratorium snel en betrouwbaar. Ze zijn te vergelijken met de bekende zwangerschapstesten met de zogenaamde dipsticks, waarbij een kleine hoeveelheid van het te testen agens op een strookje wordt gedruppeld. Als het monster positief is, dan is enkele minuten later een bandje op het strookje zwart geworden. In een oorlogsgebied zou zo'n monster een druppeltje water kunnen zijn met daarin opgevangen deeltjes uit de omgevingslucht.

TNO Delft werkt aan een apparaat (lasertime- of laserflight-massa-spectrometer) dat deeltjes uit de lucht aanzuigt die vervolgens met een laserstraal worden beschoten. Aan de hand van het spectrum van het verstrooide licht kunnen de "vingerafdrukken" van een bacterie worden achterhaald. Omdat elk stofdeeltje een eigen vingerafdruk heeft, kan op die manier ook miltvuur worden herkend. De ontwikkeling van de moleculaire diagnostiek gaat razend snel en de komende jaren zullen steeds meer snelle, betrouwbare en goedkope testen op de markt komen.

5.5 Behandeling van ziektegevallen

Als het biologisch wapen op tijd is geïdentificeerd dan kunnen de slachtoffers van bacteriële ziekteverwekkers zoals miltvuur en pest grote hoeveelheden antibiotica slikken. In de eerste dagen van de besmetting kan dat het slachtoffer nog redden. Ook is het zaak bij besmettelijke ziektes als pokken, pest en ebola de slachtoffers zo snel mogelijk in quarantaine te stellen, waardoor de besmetting niet als een olievlek om zich heen grijpt.

Wat te doen als er een besmettingsgeval van pokken wordt ontdekt?

Ringvaccinatie, gecombineerd met quarantaine, is het basisidee waarvoor onder andere de Nederlandse Gezondheidsraad, in navolging van de Amerikaanse Gezondheidsdienst CDC, opteert. Er kan dan worden volstaan met minder vaccins - een miljoen stuks in Nederland - en dus krijgen minder mensen bijwerkingen zoals hersenvliesontsteking.

Ringvaccinatie betekent dat iedereen in een ruime omgeving rond een besmet persoon, en rond diens contactpersonen van weken daarvoor, onmiddellijk wordt gevaccineerd.

Zo'n gelokaliseerde aanpak houdt het risico in dat de gezondheidsautoriteiten telkens achter de feiten aanhollen. De eerste ziekteverschijnselen, zoals koorts en hoofdpijn, gevolgd door blaasjes, openbaren zich bovendien pas twee weken na blootstelling. Dat betekent dat er vermoedelijk al heel wat mensen zijn besmet voordat het eerste geval wordt ontdekt. Uit historische gegevens blijkt dat in een onbeschermde populatie een besmet persoon in een week tien tot twintig andere mensen met het virus infecteert. Na acht weken zijn in dat tempo 1,6 miljoen personen besmet, na tien weken heeft een groot deel van Europa pokken. Van de besmette personen overlijdt 30 procent, terwijl nogal wat overlevenden te maken krijgen met ernstige ziekteverschijnselen zoals blindheid. In het begin wordt daarom gepleit voor ringvaccinatie, maar het moet direct daarna mogelijk zijn om de hele bevolking te injecteren.

Nederlanders worden echter niet massaal ingeënt tegen pokken. Het aanwezige vaccin heeft teveel bijwerkingen. Een aantal mensen zal overlijden aan de gevolgen van de vaccinatie en naar schatting twee op de honderdduizend zullen hersenvliesontsteking krijgen. Er zijn op dit moment voldoende vaccins om de gehele Nederlandse bevolking in te enten. Deze klassieke vaccins zijn gewonnen uit het pus van de pokken - grote luchtblaasjes - op de huid van een besmette koe. Er zijn nieuwe methoden waarbij vaccins kunnen worden gemaakt met behulp van weefselkweektechnieken. Met dergelijke technieken kan efficiënter gewerkt worden en kan aan hogere kwaliteitseisen worden voldaan. Volgens sommige virologen is dit nieuwe vaccin ook veel minder schadelijk. Echter, volgens de Nederlandse regering is dat laatste nog niet aangetoond en zij ziet daarom geen reden te investeren in de aanschaf van dit nieuwe vaccin. Er zal in de toekomst veel aandacht moeten zijn voor vaccinonderzoek, niet alleen om snel te kunnen reageren op bioterroristische aanvallen, maar ook omdat infectieziekten in het algemeen wereldwijd nog steeds doodsoorzaak nummer één zijn.

6. Epiloog

Biologische wapens zijn nog nooit op grote schaal gebruikt. Het probleem met levende strijdmiddelen is dat het "gedrag" van deze wapens van nature onvoorspelbaar is. Eenmaal losgelaten in een bepaalde omgeving vormen de pathogenen een bedreiging voor iedereen die het gebied betreedt. De effectiviteit van biologische wapens is nog nooit echt bewezen, maar de dreiging is reeds effectief. Het gevaar daarvan schuilt in terroristische acties.

Wetenschappers zijn op dit moment het meest bezorgd over pokken en anthrax. Beide agentia kunnen via de lucht verspreid worden en snel een dodelijke ziekte veroorzaken. Pokken kan zelfs nog gevaarlijker zijn omdat het zo besmettelijk is.

Het allergrootste gevaar schuilt echter in de dichte bevolkingspopulaties waarbij ziektes gemakkelijk overgebracht kunnen worden van dier naar mens en van mens naar mens. Grote groepen van mensen zijn niet gevaccineerd en een besmettelijke ziekte zal zich razendsnel kunnen verspreiden. Enkele voorbeelden zijn iedereen bekend. Denk maar aan de SARS epidemie die wereldwijd grote verwarring heeft veroorzaakt. Ook in ons land zijn vooral de problemen bekend in de veterinaire sector. De afgelopen jaren is de Nederlandse boer geteisterd door virussen die varkenspest, mond- en klauwzeer en vogelpest veroorzaken.

Een belangrijke aanleiding voor bioterrorisme is de grote ongelijkheid in de wereld waardoor sommige individuen en groepen in nood naar wapens grijpen. Een effectieve strategie tegen terrorisme bestaat dan ook uit het wegnemen van oorzaken.

Het belangrijk verweer tegen terreur met biowapens is het opbouwen en het op peil houden van de expertise en infrastructuur om direct met kennis van zaken te kunnen handelen als er een aanslag plaatsvindt

Als in onze samenleving een of andere waanzinnige met infectieuze wapens aan de slag gaat dan is bioterrorisme dichterbij dan U denkt.

Geraadpleegde literatuur

Historical Overview of Biological Warfare (1997). Eitzen, E.M. and E.T. Takafuji. In Textbook of Military Medicine, Medical Aspects of Chemical and Biological Warfare. Published by the Office of The Surgeon General, Department of the Army, USA. Pages 415 -424.

De biologische oorlogsvoering (2002). Wendy Barnaby, Uitgeverij Elmar B.V., Rijswijk

Biosecurity: Responsible Stewardship of Bioscience in an Age of Catastrophic Terrorism (2003). Kwik, G., Fitzgerald, J., V. Inglesby, T and T. O'Toole. In: Biosecurity and Bioterrorism: Biodefense Strategy, Practice and Science (Volume 1, number 1, pages 1 - 9). Publisher: Mary Ann Liebert, Inc.

National Symposium on Medical and Public Health Response to Bioterrorism. Meerdere artikelen in **Emerging infectious diseases** (1999). Volume 5, number 4.

Websites:
- http://www.bio-ned.nl/BioterrorN.htm
- http://www.infectieziekten.org
- http://news.bbc.co.uk
- http://archive.newscientist.com
- http://www.terrorismfiles.org
- http://www.time.com

Bijlage 1

Weten autoriteiten en hulpverleners welke infectieuze agentia ons bedreigen en wat hun te doen staat?

Boris Dittrich

Inleiding

Boek Patricia Cornwell "Unnatural exposure"
Er wordt een lijk gevonden op een eilandje voor de Amerikaanse oostkust van een vrouw met allerlei enge zweren. Binnen no time vallen er nog een paar doden. De heldin van het boek is pathaloog anathoom en komt een patroon bij deze doden op het eilandje op het spoor. Ze zijn allen besmet. Er is iemand die doelbewust die besmetting met een zeldzaam virus verspreid. Een race tegen de klok volgt. Het is allemaal erg spannend beschreven en aan het eind van het liedje wordt de dader gepakt. Die had een arbeidsconflict dat niet verwerkt was en nam wraak door een levensgevaarlijk virus te verspreiden. De persoon in kwestie werkte als ingenieur op een laboratorium.
Verder laat ik het in het vage, want misschien wilt u ooit dit boek nog lezen.

Ik moest aan Unnatural Exposure denken bij het voorbereiden van deze lezing.
Tegenwoordig kan een gek een levensgevaarlijke stof verspreiden. Internet en de beschikbare kennis ervan zijn toegankelijke hulpmiddelen.

Mij is gevraagd een antwoord vanuit de politiek te geven op de vraag of autoriteiten en hulpverleners weten welke infectueuze agentia ons bedreigen en wat hun te doen staat. Ik heb deze vraag opgevat als de vraag of een goede risico-analyse is gemaakt van de gevaren die ons bedreigen als gevolg van de voortdurende ontwikkeling van biotechnologie? Vervolgens komen dan vragen op als: "Wie heeft deze risico-analyse gemaakt, wie is hiervoor verantwoordelijk, wat is de verantwoordelijkheid van de overheid in deze, zijn/worden eventuele maatregelen goed gecommuniceerd, en zijn eventuele maatregelen goed afgestemd?

Mijn conclusie is dat Nederland behalve voor een pokkenaanval nog niet goed is voorbereid. Overigens zijn ook hier vragen omdat een massale vaccinatie tientallen levens zal kosten.

In Nederland weten we niet goed wat ons bedreigt.
Er is voor gekozen om een bioterroristische aanval vooral op te lossen met een goed functionerend rampenplan dat op papier wel bestaat en momenteel zelfs verbeterd wordt. Dit beleid is mijns inziens een bewuste keuze geweest omdat ander beleid teveel geld kost en omdat we niet overal op voorbereid kunnen zijn.

Ik zal dit antwoord nader toelichten.

Laat ik voorop stellen dat ik vind dat de landelijke overheid verantwoordelijk is voor het beleid omtrent bioterrorisme. Bioterrorisme is interdepartementaal (binnenlandse zaken, defensie, volksgezondheid en algemene zaken), maatschappij ontwrichtend en bedreigt de volksgezondheid, openbare orde en veiligheid. Dit vereist landelijke coordinatie.

Het beleid rondom bioterrorisme is drieledig: hoe voorkom je een bioterroristische aanval, hoe bereid je je voor op een daadwerkelijke aanval of een bedreiging en hoe ga je om met de daadwerkelijke aanval of bedreiging?

Dus:
1. Preventie,
2. Plan van aanpak bij aanval,
3. Daadwerkelijk handelen bij aanval.

Ad 1. Preventie bestaat o.a. uit een goede risico-analyse van welke stoffen bedreigend zijn en waar deze stoffen verkrijgbaar zijn.
Door een goede analyse is voorkoming van verspreiding mogelijk door regels te stellen aan bijvoorbeeld vergunningverlening.

Veel discussie bestaat over de preventiestrategie die gericht is op het voorkomen van verspreiding van kennis. Potentieel gevaarlijke wetenschappelijke artikelen zullen in deze strategie worden geweigerd voor publikatie. Door een verbod op publikatie wordt rekening gehouden met een mogelijk veiligheidsrisico. Uiteraard onderschrijft D66 de bestrijding van veiligheidsrisico's. Toch denkt D66 dat we dit niet moeten doen door een verbod op waardevolle wetenschappelijke publikaties. De positieve effecten van moleculair biologisch onderzoek zijn erg belangrijk voor de mens. Een terrorist kan informatie misbruiken, maar gezondheidsautoriteiten hebben informatie en kennis hard nodig en kunnen deze kennis gebruiken. De meeste kennis is van doorslaggevend belang voor de volksgezondheid. Bovendien waar ligt de grens, welke kennis is gevaarlijk en welke niet? Met alle biotechnologische kennis zijn in principe verschrikkelijke dingen te doen. Openheid is essentieel voor vooruitgang. D66 vindt dat Nederland moet geloven in de kracht van wetenschap en technologie. De Amerikaanse overheid trekt nog ieder jaar een hoger bedrag uit voor wetenschap, waaronder de biomedische wetenschap. De Nederlandse politiek bezuinigt al jaren op onderwijs. Dit is prioriteit nummer 1 van de D66-fractie. D66 gelooft in de kenniseconomie en wil 2,5 miljard euro extra investeren in onderwijs en kennis.

D66 vindt het dus niet wenselijk dat de overheid restricties oplegt aan de wetenschappers om te voorkomen dat kwaadwillenden ermee aan de haal gaan en in het schuurtje van hun achteruin een vreselijk virus kweken en verspreiden.

Bovendien past een restrictie op openheid van gegevens ook niet bij de democratie die wij voorstaan. Juist door openheid van gegevens kan ontwikkeling en kruisbestuiving van kennis plaatsvinden. Het dilemma blijft natuurlijk wel: van die openheid kan ook misbruik worden gemaakt.

Ad 2. Een goed plan van aanpak en daadkrachtig optreden bij een aanval of bedreiging daarmee. Een goed plan van aanpak betekent het startklaar hebben liggen van werkbare draaiboeken. Hier lijkt de overheid voor gekozen te hebben. Met het oog op moedwillige verspreiding van infectieziekten is het beleid hieromtrent recent aangepast en ook nog in ontwikkeling. Deze aanpassing van beleid vloeit voort uit het vervolgadvies Bioterrorisme van de Gezondheidsraad van 25 juni 2002. Uitgangspunt van het beleid is dat bij de voorbereiding op een grootschalige of moedwillig veroorzaakte epidemie gebruik gemaakt kan worden van de bestaande structuur voor infectieziektebestrijding. Zoals wellicht bekend bij de mensen hier is de infectieziektebestrijding in principe een zaak van de gemeente. Om deze taak uit te kunnen voeren zijn gemeenten verplicht een GGD in stand te houden.

Daarnaast zijn artsen verplicht een infectieziekte te melden bij de GGD. Op basis van deze melding kan de GGD eventueel maatregelen nemen, zoals bron- en contactopsporing, voorlichting, vaccinatie of behandeling. De GGD is vervolgens verplicht potentieel bedreigde infectieziekten te melden bij de Inspectie voor de Gezondheids Zorg (IGZ). Daarnaast heeft ook het RIVM de verantwoordelijkheid om op basis van diverse nationale en internationale kanalen een eventuele uitbraak van infectieziekten te signaleren en te melden.

Verder spelen het ministerie van VWS en het bureau van de Landelijke Coordinatiestructuur Infectieziektebestrijding (LCI) en het Outbreak Management Team (OMT) van de een rol. Per crisis wordt dit team aangevuld met personen die bijzondere professionele deskundigheid bezitten in relatie tot de aard van de crisis.

Advies wordt uitgebracht aan een Bestuurlijk Afstemmings Overleg (BAO), waarin zowel lokale als landelijke bestuurders vertegenwoordigd zijn. Dit orgaan vast of er sprake is van een landelijke dreiging. Indien dit het geval is stelt zij het beleid om de crisis te bestrijden op het terrein van de volksgezondheid vast en draagt zij zorg voor uitvoering hiervan door de betrokkenen.

Wanneer de uitbraak omvangrijk is en/of wanneer hieraan aspecten van openbare orde en veiligheid verbonden zijn, zoals bij een bioterroristische aanslag het geval zal zijn, komt de rampenbestrijdingsstructuur in beeld. In dat geval wordt de minister van Binnenlandse zaken op de hoogte gesteld, waarna op landelijk niveau gecoordineerd maatregelen getroffen kunnen worden. De principes voor interdepartementale coordinatie zijn vastgelegd in het Nationaal Handboek Crisisbesluitvornming.

De Gezondheidsraad heeft uitgangspunten benoemd waaraan deze gehele verdedigingsstructuur moet voldoen, wil zij adequaat kunnen reageren op een mogelijke bewuste verspreiding van infectieziekten. Alle aanbevelingen van de gezondheidsraad zijn in december 2002 omgezet in concrete acties ter verbetering van het handelen bij een bioterroristische aanslag.

Zo wordt de expertise op het gebied van infectieziekten vergroot en wordt de uitwisseling van bestaande kennis verbeterd doordat bepaalde deskundigen toegang krijgen tot militaire informatie. Ook krijgen mensen die zich bezig houden met de voorbereidingen, een beter inzicht in analyses van de dreiging van mogelijke bioterroristische aanslagen. Tevens wordt de kennisinfrastructuur versterkt. Qua internationale samenwerking en taakverdeling wordt gekeken of nog nieuwe vaccins en geneesmiddelen op het terrein van bioterrorisme ontwikkeld kunnen worden. Verder is uitgesproken dat nieuwe producten op basis van verzwakte vaccinia-stammen en van celkweeksystemen de voorkeur verdienen boven de klassieke pokken vaccins en is afgesproken welke vaccinatiestrategie is aangewezen.

Alle deze overheids maatregelen van december j.l. moeten de hulpverleners beter in staat stellen adequaat te reageren in geval van een biologische aanslag. Het is niet mogelijk om op álles voorbereid te zijn. Het zal dan ook niet mogelijk zijn de gevolgen van een eventuele biologische aanslag tot nul te beperken. Als we al in kunnen schatten waar we op voorbereid moeten zijn, dan nog zijn de kosten van deze voorbereiding erg hoog. In zware economische tijden ligt het voor de hand te veronderstellen dat dit type kosten niet royaal gemaakt zullen worden. Daar moeten we ons van bewust zijn.

Vindt een bioterroristische aanslag plaats dan zullen gemakkelijk problemen kunnen ontstaan op operationeel niveau. De verwarring die ontstond in de afhandeling van de «poederbrieven» die rond oktober vorig jaar verschenen is hier een voorbeeld van. Ook evaluaties van andere recente rampen en ongevallen (Vuurwerkramp Enschedé, Café-brand in Volendam) brengen afstemmingsproblemen tussen verschillende overheidsdiensten aan het licht. In beide evaluaties werd erop gewezen dat de voorbereiding op rampen en zware ongevallen in Nederland tot op heden weinig planmatig en onvoldoende multidisciplinair plaatsvindt. In dit kader hebben de Staatssecretaris van BZK en de Minister van VWS op 24 oktober 2002 de Wet Kwaliteitsbevordering Rampenbestrijding naar de Kamer gezonden.

In dit wetsvoorstel worden maatregelen voorgesteld die moeten leiden tot kwalitatief betere en multidisciplinair georganiseerde rampenbestrijding voor politie, brandweer en GHOR. Zo wordt bijvoorbeeld voorgesteld om landelijke criteria voor de kwaliteit van de rampenplannen vast te stellen. Daarnaast is het de bedoeling dat elke regio verplicht wordt om regionale beheersplannen op te stellen. Deze beheersplannen zijn erop gericht om de organisatie van de rampenbestrijding over haar gehele breedte in regionaal verband multidisciplinair af te stemmen en afspraken te maken over het kwaliteitsniveau van de bijdragen van de verschillende partners. Na het verschijnen van de «poederbrieven» in november 2001 heeft de toenmalige Minister van VWS, mevrouw Borst, de voorbereiding op een biologische aanslag versneld. Om voldoende kwaliteit te kunnen waarborgen en om onnodige onrust en paniek te voorkomen moet de bestrijding in de verschillende regio's ook zoveel mogelijk uniform plaatsvinden. Het bureau LCI heeft daarom in december 2001 opdracht gekregen om draaiboeken bioterrorisme te ontwikkelen. Als eerste is gewerkt aan een draaiboek pokken. Dit draaiboek is momenteel in concept gereed. Hoewel een groot deel van de wenselijke bestrijdingsmaatregelen zijn vastgelegd in het draaiboek, moeten deze nog bij de landelijke overheid en bij de verschillende betrokken besturen en organisaties geïmplementeerd worden.

De tijd die benodigd is om een uitbraak op te sporen is de meest kwetsbare schakel. Snelle opsporing van eventuele uitbraken is een kwetsbaar punt. In het licht van een mogelijke aanslag met biologische agentia is het van belang om naast ziekteverwekkers waarvan de oorsprong bekend is, ook zeldzame ziektebeelden, of ziektebeelden met een onbekende oorsprong en hun verwekkers op te sporen. Het is namelijk niet ondenkbaar dat terroristen bestaande agentia zullen manipuleren. Snelle detectie hiervan vormt de basis voor de ontwikkeling van effectieve bestrijdingsmaatregelen. Daarom is het noodzakelijk dat de opsporing van zeldzame infectieziekten in Nederland meer systematisch plaats gaat vinden. Dit dient een tweeledig doel: tijdige alarmering in het geval van een bioterroristische aanslag en een hogere mate van voorbereiding in het geval van epidemieën van «natuurlijke» oorsprong, waarbij de ziekteverwekker onvoldoende bekend is. Het RIVM is daarom gevraagd om in samenwerking met de Nederlandse Vereniging voor Medisch Microbiologen (NVMM) en de Vereniging voor Infectie Ziekten (VIZ) een voorstel te formuleren voor de verbetering van de surveillance van onbekende en zeldzame infectieziekten in Nederland. Dit voorstel zou op 1 april 2003 gereed moeten zijn.

Algemeen

Het bovenstaande is een weergave hoe alles in Nederland geregeld is. Dat was ook het uitgangspunt van het verhaal. Alles is geregeld en er is een duidelijke keuze voor het pas in actie komen wanneer er een aanslag is.

Ad 3. Daadwerkelijk handelen bij een aanval.

Het zou wel aardig zijn, alhoewel de tijd erg kort is, om te schetsen hoe een bioterroristische aanval in werkelijkheid zou verlopen. Er is een fictief scenario beschreven door het LCI bij een pokken aanval. Ik denk dat het belangrijk is om op te merken dat de paniekreactie niet te voorspellen is en dat dat waarschijnlijk ook de reden is dat er bij de rampen, eerder genoemd, zoveel fout gegaan is.

Als er paniek is, hoe zullen mesne reageren. Wie neemt de leiding? Wie is standvastig?
Opvallend was het 's avonds niet mogen "uitvliegen" van een heli bij de ramp in Volendam. Als bioterroristen ook lid zouden zijn van een vakbond dan kan er vooraf enig overleg kunnen plaatsvinden!!! Als er op zaterdag of zondag een aanslag zal plaatsvinden dan zal het toch meer dan 24 uur gaan duren voordat er actie wordt ondernomen.

Voor het daadwerkelijk handelen van de overheidsdiensten zou het nuttig zijn te trainen op hoe polite, brandweer, huisarts etc. reageren en hoe zij met elkaar samenwerken.

Slot

Dames en heren, laten we hopen dat het nooit zover zal komen dat er een bioterroristische aanslag in Nederland gepleegd gaat worden. Maar de ervaringen in Japan met de aanslag in de metro, met de vondst van gifstoffen in Londen en de verhalen over de ontmanteling van Russische laboratoria, waarbij stoffen en kennis verkocht zouden zijn aan de maffia doet het ergste vrezen.

In elk geval moeten we op het ergste zijn voorbereid.
Daarom is bewustwording van het probleem en het invoelen van de urgentie ervan een eerste noodzaak.

Bijlage 2

Europol

Europol, wat staat voor European Police Agency, is een betrekkelijk jonge organisatie. Als een uitvloeisel van een aantal Europese Unie verdragen, waaronder die van Maastricht en Amsterdam, werd in 1994 begonnen met de Europese Drugs Unit. In 1e instantie had deze unit slechts een mandaat in de drugsbestrijding. Gaandeweg werd het aantal mandaat gebieden uitgebreid tot de huidige situatie waarin Europol het overall mandaat zware georganiseerde criminaliteit heeft verkregen.

De basis van onze werkzaamheden ligt besloten in de Europol Conventie, onze constitutionele regelgeving.

Een markante verfijning van het mandaat zoals te vinden is in de conventie is dat Europol zich bezig houdt met die zaken, waarbij 2 of meer lidstaten zijn betrokken.

Elke terreurdaad in de Europese Unie, heeft zijn effect op de individuele lidstaat. Ware het alleen al wat betreft het implementeren van beveiligingsmaatregelen in de afzonderlijke lidstaten.

Vaak hebben terreurdaden ook economische consequenties en gelet op de complexiteit maar ook de integratie van nationale economieën in het Europese Unie verband, missen deze terreurdaden hun werking niet in andere lidstaten.

Europol is een ondersteunende organisatie voor de law enforcement agencies in de Europese Unie. Haar voornaamste taken zijn 1) **Informatie coördinatie** en 2) **Analyse van de informatie aangeleverd door de lidstaten**

Europol heeft vandaag de dag nog geen executieve bevoegdheden. Wat houdt dat in?

Europol verricht dus geen arrestaties, doet geen huiszoekingen enzovoorts.

Maar levert juist informatie aan de lidstaten aan, waarmee de betrokken diensten in de lidstaten kunnen arresteren enzovoorts.

Indien gewenst levert Europol assistentie bijvoorbeeld door middel van de experts die in de dienst van de organisatie zijn.

Het opstellen van criminaliteitsbeelden op Europees Unie niveau en de mogelijke dreiging die van alle vormen van criminaliteit uitgaat, behoort eveneens tot haar taakstelling.

De counter terrorisme unit houdt zich bezig met alle vormen van terrorisme en helaas vandaag de dag ook bio terrorisme.

We bekijken deze vorm van terrorisme in het bredere verband van massa vernietiging wapens, maar zien het gebruik van dit soort middelen in het brede scala van mogelijkheden.

Het gebruik van biologische middelen in oorlogvoering stamt al uit het verre verleden. In de Middeleeuwen werden bijvoorbeeld met de builenpest besmette lijken over de muren in belegerde steden gegooid om zodoende de stadsbevolking op de knieën te dwingen. Even zo vaak werden waterbronnen vergiftigd om zodoende de vijand tot verplaatsingen te dwingen. Helaas zijn de methoden en middelen van toen vandaag de dag verfijnd.

Het dreigingsbeeld.

Vooropgesteld dien ik te stellen dat de dreigingsanalyses die wij samenstellen, alleen voor de desbetreffende diensten in de lidstaten bestemd zijn en een vertrouwelijk karakter dragen. De inhoud van deze zal ik u dan ook niet mededelen.

De terreur aanslagen van de 11e september 2001 hebben het internationale terreur panaroma dramatisch veranderd. In feite is er een nieuw soort terrorisme ontstaan en is er een duidelijke drempel overschreden.

Het "oude " terrorisme heeft plaats gemaakt voor het "nieuwe " terrorisme.

- Sommige terroristische organisaties zijn bereid en staan klaar om aanvallen uit voeren, die massieve schade en maximaal lijden kunnen aanrichten.
- Terroristen zijn niet enkel en alleen maar vastbesloten om aanslagen te plegen met een catastrofaal resultaat, maar ook om daarbij zelf het leven te laten. Zelfmoord aanslagen waren geen onderdeel van het terreur scenario in Westerse landen.

Deze "nieuwe" terroristen lijken het oordeel en de mening van de internationale gemeenschap als minder relevant te beschouwen.

Terrorisme, hoe gek het ook moge klinken, is ook een vorm van communicatie. Terroristische aanslagen overstijgen in wezen de plaats van het delict. Door het plegen van aanslagen, trekken terroristen de belangstelling van het publiek, verspreiden hun politieke agenda maar laten uiteraard hun vastberadenheid om hun doel te bereiken zien aan hun vijand, de legitieme autoriteiten.

Om de huidige dreiging van het internationale terrorisme te omschrijven, wil ik een aantal factoren inbrengen.

De eerste is asymmetrische strijdvoering:

De agenda voor internationale veiligheid is na het einde van de Koude Oorlog sterk gewijzigd. Bestaande dreigingen van terreur organisaties tegen de Europese Unie kunnen worden beschouwd als mutaties van al dan niet lang bestaande conflicten, die niet gauw zullen leiden tot een conventionele oorlog maar altijd tot de gevaarzetting van bevolkingen en regeringen van Westerse landen.

Asymmetrische strijdvoering is echter niet nieuw, maar wat bedoel ik nu hiermee? Het betekent dat een partij in het conflict, gelet op haar eigen beperkingen, er van overtuigd is dat het geen middelen ter beschikking heeft om op conventionele wijze de strijd aan te gaan, omdat de kans van slagen is te verwaarlozen is .

Asymmetrische strijdvoering is de ultieme exploitatie van kwetsbaarheid. Terroristische organisaties, kunnen er, bijvoorbeeld, voor kiezen om te opereren in groot stedelijke agglomeraties zodat tegenmaatregelen zoals identificatie en arrestatie bemoeilijkt worden. Een terroristische organisatie is altijd op zoek naar de Achilles hiel in onze verdediging en onze samenleving.

Terrorisme is van nature asymmetrisch. Het probeert politieke, religieuze of levensbeschouwelijke ideologieën, te verwezenlijken tegen de wens van de meerderheid van de gemeenschap en gericht tegen, verhoudingsgewijze een superieure macht.

De kwetsbaarheid van onze huidige samenleving voor asymmetrische strijdvoering en tactieken is helaas duidelijk gebleken in de 11 september aanslagen.

Het wapenarsenaal voor asymmetrische oorlogsvoering varieert van een behangsnijmesje tot massavernietigingswapens, die met hun potentieel om grootschalige schade, dood en verderf te stichten maar zeker ook de onvermijdelijke ondermijning van het moreel van de bevolking, een ernstige bedreiging vormen.

In dit kader kan ik de zelfmoordterrorist niet onvermeld laten.

Een definitie, met de nadruk op 1, van terroristische zelfmoord aanslagen is:

"Politiek gemotiveerde gewelddadige aanslagen, uitgevoerd door zelfbewuste individuen, die actief en opzettelijk de eigen dood veroorzaken door zichzelf op te blazen met het door hen gekozen doelwit. De zekere dood van de daders, is een voorwaarde voor het succes van de aanslag".

De zelfmoord terrorist is in wezen de ultieme "smart-bomb" een levend wezen dat blijft denken tot microseconden voor de detonatie.
Het is een gegarandeerd succes, is accuraat wat betreft detonatie en uitgekozen doelwit.

Waarom heb ik dit onderdeel opgenomen in relatie tot bio-terrorisme? Wel om de eenvoudige reden om aan te tonen, dat in het "nieuwe " terrorisme, in feite alles mogelijk is. Individuen die om, in onze ogen, irreële ideologische overwegingen, zelfmoord plegen met het enige doel om een zo groot mogelijk aantal slachtoffers met zich in de dood te sleuren, zijn helaas tot alles in staat.

Maar praten we nu over fictie of over een reële mogelijkheid?

Het verleden heeft aangetoond dat "oude" terreurorganisaties wel degelijk bekend waren met CBRN wapens. In de 80-er jaren bediende een extremistisch dierenrecht organisatie in de Verenigde Staten zich van de salmonella bacterie door deze toe te voegen aan voedsel in salade bars.

Andere vraag is of terroristen deze middelen wel in willen zetten. Er zijn mogelijk een aantal redenen te noemen om uit te leggen waarom terroristen in het verleden niet over gegaan zijn tot het gebruik van massa vernietigingswapens.

De eerste reden is de psychologische barriere om zulke wapenen te gebruiken, de tweede is dat deze wapenen toch mogelijk buitne hun bereik liggen en ten derde het ontbreken van de technologische capaciteit benodigd om deze wapens daadwerkelijk effectief in te zetten.

Het uiteindelijke succes van terroristen hangt sterk af van de ondersteuning van de doelstellingen door de samenleving, die direct of indirect in het conflict betrokken is. Door het gebruik van deze wapens kunnen terroristische organisaties de hen onontbeerlijke steun verliezen. En dat is iets wat dit soort organisaties zoveel mogelijk zullen trachten te vermijden. De inzet van dit soort wapens is dus mede afhankelijk van hoe hun achterban reageert. De terreurorganisatie zal alles doen om de sympathie van hun achterban te behouden.

Terroristen, althans de leiders van terreurorganisaties, zijn geen krankzinnige individuelen, die gedreven worden door haat tegen de mensheid. Terroristen zijn ook wel eens aangeduid als "gewelddadige intellectuelen". Het succes van tegenmaatregelen in terreurbestrijding hangen dan ook mede af van het inzichtelijk maken van de terroristische logica. Wat betreft het gebruik van CBRN wapens dienen we ons dan ook af te vragen:

- Wie vormt de achterban, het maatschappelijk draagvlak van de terreurorganisatie?

- Welke strategie en welke middelen , gezien van het terreur perspectief, zullen de ondersteuning van hun achterban verzekeren, zodat zij hun politieke doeleinden kunnen bereiken?
- Beschikken zij over de technische middelen en know-how om massa-vernietiginsgwapens in te zetten ?

Als een terroristsiche organsiatie zich beseft dat het inzetten van dergelijke wapens niet zal leiden tot een verwerping door haar achterban, maar in tegendeel door de inzet hiervan duidelijk maakt dat de superioriteit van de vijand ook kwestbaarheden kent en als een gevolg hiervan de achterban zich nog nauwer voelt verbonden met de terroristische zaak, dan is het gevaar van een dergelijke inzet reel te noemen.

Welke middelen kunnen de terroristen mogelijk aanwenden? Ik zeg nadrukkelijk mogelijk want het blijft koffiedik kijken.

De biologische middelen die mogelijk gebruikt kunnen worden zijn:
- Pest
- Anthrax

In de jaren Negentig werd er overigens zonder succes getest door Aum Shinrikyo. De groep switchte naar het gebruik van sarin als gezien in de metro van Tokyo.

In Oktober 2001 zagen we het gebruik van Antrhax in de VS, mogelijk door een individuele dader, het resultaat; 5 doden, 18 gewonden en ongeveer 35.000 mensen die behandeld zijn met anti-biotica
- Pokken
- Brucellosis
- Ebola
- Cholera
- Influenza
- Botulisme

Toxines:
- Botulism toxin
- Staphylococcal Enterotoxin
- Mycotoxin

- Saxitoxin
- Ricin

Vanuit uw discipline zult u deze lijst ongetwijfeld verder kunnen aanvullen.

Zoals u uit de media heeft kunnen lezen, werden sporen van ricine aangetroffen in London in Januari 2003, in het bezit van een radicaal Islamitische cel . De bedoelde Modus Operandus was de verspreiding via ventilatie systemen en besmetting van handvatten in deuren van vervoermiddelen en gebouwen.

Afwending in Europese Unie en Europol's rol.

Het moge duidelijk zijn dat in de afwending van deze dreiging de handen in elkaar moeten worden geslagen. Wij, Europol en de Europese politiediensten, kunnen niet zonder u, de wetenschappers. De afstand tussen wetenschap en de rechtshandhaving moet gedicht worden.

Wat heeft de Europese Unie ondernomen in de afwending van de dreiging?

De aanslagen van de 11e september 2001 hebben hierbij het nodige bespoedigd.

De EU had natuurlijk al haar instellingen op het terrein van de Civiele Verdediging, Volksgezondheid en Milieuhygiene. Gemakshalve verwijs ik dan ook naar het document van de Raad van Europa, nummer 15873/02 waarin alle maatregelen en voorbereidingen staan vermeld.
Daarin ligt ook besloten om een netwerk van national laboratoria in te richten en daarmee verbonden procedures.
In de verdediging tegen het terroristische gebruik van CBRN wapens, speelt het Joint Research Center een coordinerende rol. Via haar Monitoring Center houdt dit instituut dag en nacht oog op de situatie in de EU.
Het Joint Research Center heeft onlangs nog een grote veldoefening gehouden aan de hand van een scenario dat zich bezig hield met radioactief materiaal. Uiteraard heeft Europol ook aan deze oefening deelgenomen.

Op het gebied van bio-terrorisme, heeft het Directoraat-Generaal voor de Gezondheid "SANCO" een rapid alert syteem opgezet. Dit netwerk is genaamd BICHAT, wat staat voor Bio Chemical Attack Threat. De lidstaten zijn verplicht elk terroristisch gebruik van deze middelen in haar gebied te melden aan de Health Security Task Force in Luxemburg en aan te geven of zij assistentie of andere resources nodig heeft.

Wat heeft Europol in dit kader ondernomen?

We hebben een 3-tal symposia c.q . congressen opgezet waarin we de problematiek van contingency-planning en de omgang met de media hebben besproken en waarbij best practises and lessons learned gedeeld werden tussen de lidstaten.

Europol is, afgezien van haar kontakten met de nationale politie-eenheden samenwerkingsverbanden aangegaan met internationale instellingen, waaronder ook wetenschappelijke zoals de Stanford Univeristy in de VS. Een kleine bloemlezing:

Het Instituut voor Transuranium Elementen in Karlsruhe,
Het Joint Research Center in Brussel,
Het Internationaal Atoom Agentschap in Wenen, waarmee wij onlangs een symposium in Wenen hebben georganiseerd,
De OCPW in Den Haag

Interpol, waarmee wij samen een trainingsprogramma aan het ontwikkelen zijn. Het moge duidelijk zijn dat we de inbreng van de wetenschappelijke wereld in dit programma op hoge waarde inschatten, om hiermee ook de samenwerking tussen wetenschap en opsporing te vergroten. Als ik het zo mag uitdrukken, u kijkt naar de bacteriele en biologische beestjes en probeert deze te identificeren zodat er tegenmaatregelen kunnen worden genomen en wij, alle Europese politiediensten zoeken naar de verknipte geesten die gebruik willen maken van die beestjes, proberen deze te identificeren zodat er tegenmaatregelen kunnen worden genomen.

Het woord awareness laat zich moeilijk vertalen naar het nederlands toe, maar awareness is waar wij in al ons werk naar toe proberen te werken, juist omdat het gebruik van CBRN middelen onwerkelijk en abstract lijkt.

Ons duidelijke doel is daarom ook niet om te alarmeren maar te alerteren. Weten wat er kan , weten wat er mogelijk, maar ook zeker weten wat er **onmogelijk** is, maar ook weten wie we ter assistentie in kunnen roepen.

Om tot een soort resume te komen, wil ik het navolgende zeggen.

De tendens als gezien in de laatste jaren in het internationale terrorisme namelijk : minder aanslagen maar wel met een grotere impact door meer slachtoffers en schade toe te brengen, is op dramatische wijze bevestigd in de aanslagen van de 11e September en bijvoorbeeld de Bali bomaanslag .

Een terreuraanslag met catastrofale gevolgen, zoals die van de 11e September , zal mogelijk vooralsnog worden gepleegd met gebruikmaking van conventionele middelen, omdat deze nu eenmaal dichter in het bereik liggen en gemakkelijker zijn te hanteren.

Dit wil echter niet zeggen dat het gebruik van CBRN wapens kan worden uitgesloten. Zoals gezegd zijn ze in het verleden buiten Europa al gebruikt en de eigenschappen van deze wapens past nu eenmaal in de behoefte van die organisaties, betrokken bij asymetrische oorlogsvoering.

In 1998 antwoordde Bin Laden op een vraag met betrekking tot de bemachtiging van chemische en nucleaire wapens: Citaat : " Dergelijke wapens te bemachtigen voor de verdediging van Moslims is een religieuze plicht.[1]

In een ander interview in November 2001, verklaarde Bin Laden; citaat "Ik wens te verklaren dat indien Amerika chemische of nucleaire wapens tegen ons gebruikt, wij mogelijk met dit soort wapens terugslaan. Wij hebben deze wapens ter afschrikking ".[2]

Onlangs heeft een Amerikaans expert op het gebied van terreurbestrijding gezegd dat we met een 3-tal feiten moeten leren leven:

- Er zullen anti-Westerse terreurorganisaties met een wereldwijde reikwijdte blijven bestaan in de komende tijden.

[1] Time Magazine, Januari 1999

[2] November 2001, Pakistaanse krant Dawn

- Deze groeperingen zullen die middelen in hun bereik hebben om catastrofale aanslagen te plegen in Westerse landen.
- De economische en sociale disruptie gecreerd door de 11e September aanslagen en de aansluitende Anthrax campagne, kunnen als referentiekader of inspiratie dienen voor andere terroristen.

Met dat in ons achterhoofd is Europol aan het werk. Want wij kunnen het ons niet permitteren achterover te gaan hangen en af te wachten.

De verklaring van het Ierse Republikeinse Leger in 1984, naar aanleiding van de aanslag op premier Thatcher in Brighton, spreekt wat dat betreft boekdelen over hoe een overheid zich moet opstellen . De verklaring luidde: "Vandaag hadden we geen geluk, maar onthou: wij hoeven maar 1 keer geluk te hebben, jullie moeten dat altijd hebben."

Ik wil graag eindigen met een statement van Lord Wellington, omdat deze woorden vandaag de dag ook nog op gaan:

"Those who fail to prepare, prepare to fail "'

18 Techniek

'Afschermen van kennis baat niet'

Tijdens een symposium begin april werden de gevaren van een bioterrorische aanval besproken. Ab Osterhaus: "We hebben geen bioterrorisme nodig om op een virus voorbereid te zijn." Lisette Blankestijn

Op 9 april vond in het Institute of Life Sciences & Chemistry een symposium plaats over bioterrorisme. Het symposium werd georganiseerd door de Vereniging van Laboratoriumingenieurs Utrecht (VLU), de alumni van Moleculaire Biologie. Er was daardoor veel aandacht voor het gebruik van moleculair-biologische gegevens bij een mogelijke bioterroristische aanval. Maar mede door de komst van sprekers van buiten het vakgebied kwam ook de maatschappelijke context van het onderwerp uitgebreid aan bod. Dat bioterrorisme ook voor de hogeschool een actueel onderwerp is, bleek eerder dit jaar toen minister Van der Hoeven instellingen voor hoger onderwijs waarschuwde voor terroristisch gevaar. Zij vroeg instellingen om vooral alert te zijn bij specifieke dreigingen binnen de eigen instelling. Het is voor alle aanwezige moleculair biologen zonneklaar dat in de laboratoria van de hogeschool door kwaadwillenden een hele hoop narigheid geleerd en geproduceerd kan worden. Toch is er tijdens het symposium geen toegenomen angst voelbaar. Het afschermen van de kennis zal een bioterroristische aanval niet kunnen voorkomen, is de nuchtere gedachte.

Anthrax

Mario van Berlo, moleculair bioloog aan de Hogeschool van Utrecht, leidde het symposium. Hij schetste hoe door DNA-onderzoek de kennis van de moleculaire biologie de afgelopen decennia is toegenomen. Het effect van een bioterroristische aanval zou dramatisch kunnen zijn, maar dat is geen reden om het moleculair-biologisch onderzoek af te schermen voor de buitenwereld: op internet is bijvoorbeeld alle informatie over synthetische virussen al voor iedereen beschikbaar. Ook Huub Schellekens (columnist van De Volkskrant en medisch biotechnoloog aan de Universiteit Utrecht) herinnerde het publiek eraan dat tot enkele maanden geleden op de NAVO-site precies te lezen was hoe je miltvuur kunt maken. Bovendien, relativeerde Schellekens, komt anthrax gewoon in de natuur voor; met name bij plantenetend vee. Alleen de variant die door inademing bij mensen griepachtige verschijnselen veroorzaakt, is zeer gevaarlijk: anthrax kan meer mensen bereiken dan een atoombom. Kennis van de moleculaire biologie is hier juist nodig: vaccineren kan besmetting voorkomen, en als op tijd de juiste diagnose is gesteld kan een antibioticum helpen. "Kennis afschermen helpt niet, het oplossen van de grote wereldproblemen wel", besloot Schellekens beschouwend.

SARS

Ab Osterhaus, de als 'televisieviroloog' aangekondigde hoogleraar Virologie van de Erasmus Universiteit, is al even pragmatisch: "We hebben geen bioterrorisme nodig om op een virus voorbereid te zijn. We moeten ons sowieso beter wapenen tegen uitbraak van virusinfecties, of bioterroristen die verspreiding van virussen nu actief veroorzaken of niet." Osterhaus vraagt om investering in een betere (kennis-)infrastructuur. Snel adequaat reageren is belangrijk, dat zien we nu ook met de longziekte SARS. Huisartsen moeten leren om vreemde verschijnselen snel te herkennen.
Peter Kosters, First Officer van de 'Counter Terrorism Unit' van Europol, heeft bioterrorisme in zijn portefeuille. "U wilt beestjes identificeren, en wij van Europol de verknipte geesten die die beestjes willen gebruiken", zo sprak hij de moleculair biologen toe. "De politie en de wetenschap hebben elkaar daarin hard nodig." Het zal niemand verbazen dat Europol verder weinig openheid gaf. Boris Dittrich, fractievoorzitter van D66 en specialist biotechnologie, ging in op de vraag of Nederland goed is voorbereid op een bioterroristische aanval. "Nee", vindt Dittrich. Er is een uitgewerkt draaiboek voor bij een pokkenaanval, de rest is nog in ontwikkeling. Ook voor Dittrich is kennis afschermen geen optie, er wordt door de overheid juist te weinig in kennis geïnvesteerd. Ook zou er meer geoefend moeten worden, om te voorzien wat er bij een ramp kan gebeuren. Tot frustratie van Dittrich is hier te weinig geld voor vrijgemaakt. Bewustwording van het probleem, daar gaat het volgens hem om. En juist aan die bewustwording heeft de VLU met het symposium een steentje bijgedragen. ◁

http://www.medweb.nl/index.htm?/member/news/06d09nie.htm
Wo 09-04-2003

Voorbereiding op virusuitbraken kan veel beter

UTRECHT (ANP) - De overheid en eerstehulpdiensten kunnen en moeten zich beter voorbereiden op mogelijke biologische aanvallen van terroristen en zeldzame infectieziekten. "Bioterrorisme mag niet het argument zijn om je te wapenen tegen uitbraken van virusinfecties", stelt A. Osterhaus, hoogleraar virologie aan de Erasmus Universiteit Rotterdam.

Osterhaus was een van de sprekers woensdag tijdens het FC Donderssymposium van de Vereniging van Laboratorium Ingenieurs van het Institute of Life Sciences & Chemistry in Utrecht. Centrale vraag was of de moleculaire biologie een vriend of vijand is van bioterroristen. Omdat het maken van biologische wapens als anthrax en sarin simpel is, wordt de vraag gesteld of je de kennis over al deze stoffen wel vrij moet blijven verspreiden. "Het is te hopen dat de moleculaire biologie niet wordt gekidnapt door terroristen", stelde gespreksleider en bioloog aan de Hogeschool van Utrecht dr. M. van Berlo. Aan de andere kant is de kennis nodig om snel te kunnen reageren op mogelijke uitbraken, of de natuur nu de bron is of een terrorist. Nu weten autoriteiten en eerstehulpdiensten niet eens hoe zij dergelijke uitbraken moeten herkennen, laat staan die snel te bestrijden. "Er zijn in Nederland veel te weinig beademingsapparaten voor slachtoffers van bijvoorbeeld anthrax", weet dr. H. Schellekens, medisch biotechnoloog aan de Universiteit Utrecht, "terwijl het honderd keer dodelijker is dan welk chemisch wapen ook". Maar net als alle andere biologen en deskundigen ligt het tackelen van de dreiging niet in het minder verspreiden van de kennis. "Integendeel", stelt Osterhaus. Hij vindt dat er juist weer geïnvesteerd moet worden in de kennisinfrastructuur. "Dat hebben we jarenlang laten versloffen." Met een goede kennisinfrastructuur kan er snel en effectief gereageerd worden op uitbraken. Hij doelt daarmee ook op uitbraken van vogelpest en SARS. Het gevaar komt volgens hem niet alleen van terroristen, maar ook vanuit de natuur zelf, door een veranderde maatschappij waarin iedereen veel mobieler is en dichter op elkaar woont. "Maak goede kennisnetwerken, enkele protocollen waarlangs gewerkt kan worden, informeer gezondheidsdiensten als de GGD en huisartsen en werk aan internationale samenwerking", is het devies van Osterhaus. De huisarts moet in zijn ogen weer weten hoe hij het pokkenbeeld of anthraxbeeld herkent. P. Kosters, hoofd van de afdeling bioterrorisme bij Europol in Den Haag, pleit voor een nauwe samenwerking tussen opsporingsdiensten en de wetenschap: "De afstand tussen Europese politiediensten en de wetenschap moet worden gedicht." D66-fractievoorzitter B. Dittrich zei geen voorstander te zijn van het indammen van wetenschappelijke publicaties, "omdat het ook de mensheid helpt". Problemen ziet hij meer op operationeel niveau bij virusuitbraken: "Een kwetsbare schakel is een snelle opsporing van biologische aanvallen of zeldzame infectieziektes, al komt het Rijksinstituut voor Volksgezondheid en Milieu (RIVM) binnenkort wel met een voorstel die te verbeteren. Maar er blijft te weinig kennis in de frontline over hoe ze moet optreden bij virusuitbraken. Daarop zou veel meer geoefend moeten worden."

Bron: ANP, 2003

http://www.refdag.nl/website/artikel.php?id=56108
15-4-2003

Laboratoriumschool als kweekvijver voor bioterroristen

Janneke van Reenen-Hak

Een brief van het ministerie zette de leiding van de Hogeschool van Utrecht vorig jaar aan het denken. Wilt u opletten of er op uw school eventueel groepen jongeren rondlopen die met hun verworven microbiologische kennis iets kwaads in de zin kunnen hebben, luidde de boodschap. De laboratoriumopleiding als kweekvijver van bioterroristen?

„Niet ondenkbaar", meent prof. dr. Ab Osterhaus, hoofd van de afdeling virologie van het Erasmus MC in Rotterdam. „Als iemand het in zijn hoofd haalt om vlieglessen te nemen en vervolgens het WTC binnenvliegt, dan moet je ook niet uitsluiten dat terroristen een bacteriologische opleiding voor hetzelfde doel gebruiken."

Osterhaus was vorige week woensdag een van de sprekers op het jaarlijkse FC Donderssymposium met als thema bioterrorisme, georganiseerd door de Hogeschool van Utrecht. Bioterrorisme heeft veel overeenkomsten met biologische oorlogsvoering, maar er is een wezenlijk verschil. Bij biologische oorlogsvoering is het leger doelwit. Niet voor niets zijn de Amerikaanse militairen die op dit moment in Irak verblijven, ingeënt tegen miltvuur en een hele reeks andere ziekteverwekkers.

Voor bioterroristen is paniek zaaien het grootste doel. Daarbij hoeven niet altijd grote hoeveelheden mensen te overlijden, bleek eind 2001 in de Verenigde Staten. Uiteindelijk eisten de poederbrieven met miltvuurbacillen slechts een handvol slachtoffers, maar de paniek die uitbrak onder de bevolking, was enorm.

Tekentafel

Bioterroristen hebben keus genoeg. Zonder moeite noemt dr. Huub Schellekens, medisch microbioloog aan de Universiteit Utrecht een handvol potentiële, vrij eenvoudig te verspreiden ziekteverwekkers op, variërend van de miltvuurbacterie tot het pokkenvirus.

Vooral de miltvuurbacterie is een geschikte kandidaat, aldus Schellekens. „Resistente sporen van de bacterie blijven in de bodem tientallen jaren bewaard. De longaandoening die ontstaat na inademing van deze sporen is bijna altijd dodelijk, en behandeling helpt alleen als artsen ingrijpen voordat de eerste symptomen zichtbaar worden."

Biotechnologie is Schellekens' specialiteit. Met deze nieuwe techniek hebben terroristen tal van gereedschappen in handen om nog gevaarlijker ziekteverwekkers te bouwen door het genetisch materiaal van het micro-organisme naar hun hand te zetten.

Met behulp van genetische manipulatie is het mogelijk een extra stukje DNA in te bouwen in het genetisch materiaal van een bacterie. Dat vertelt het micro-organisme bijvoorbeeld op welke manier het zich kan wapenen tegen antibiotica. Schellekens: „De miltvuurbacterie is gevoelig voor eenvoudige en goedkope antibiotica als penicilline. Met behulp van genetische modificatie kun je een bacteriestam kweken die alle bestaande antibiotica kan weerstaan. Daar heb je overigens niet eens genetische technieken voor nodig. Veel bacteriën hebben van nature het vermogen om genetische informatie van elkaar over te nemen. Door slim te selecteren slaagde een Russische groep wetenschappers er eind jaren tachtig al in om zo een resistente miltvuurstam te kweken."

Genetici kijken meer technieken van de natuur af. Op dezelfde manier als bij antibioticaresistentie is het mogelijk om genen in te bouwen die een bacterie of virus extra ziekmakend, onherkenbaar voor het menselijk afweersysteem of alleen geschikt voor een bepaalde bevolkingsgroep (bijvoorbeeld Joden) maken.

Het is volgens de microbioloog zelfs mogelijk om op de tekentafel een volstrekt nieuw micro-organisme te ontwerpen. „Maar dat lijkt me niet zo simpel."

Een micro-organisme aanpassen -eventueel met wat slimme wijzigingen waardoor bijvoorbeeld een vaccin onwerkzaam wordt- is eenvoudiger. Vorig jaar zomer slaagden Amerikaanse wetenschappers erin uit het niets, alleen met behulp van bouwstenen als DNA en eiwitten, een poliovirus samen te stellen dat nauwelijks van echt te onderscheiden is. Informatie over de opbouw van het genetisch materiaal haalden ze van internet.

Schellekens concludeert dat biotechnologie veel mogelijk maakt, maar dat terroristen ook zonder die techniek al genoeg ter beschikking hebben. De gemiddelde bioterrorist bedient zich van wat voorhanden is, zonder de trukendoos van de biotechnologen te openen. „De miltvuurbacil is volgens mij de meest waarschijnlijke ziekteverwekker, die is van zichzelf al 'goed' genoeg. Met basale microbiologische kennis is het mogelijk grote hoeveelheden te kweken."

Apenpokken

De Rotterdamse viroloog Osterhaus wil de dreiging van bioterrorisme zeker niet wegwuiven, maar vraagt zich wel af of wetenschappers daar zo van onder de indruk moeten zijn. „We hebben de afgelopen decennia te maken met tal van nieuwe verwekkers, zoals aids-, ebola-, lassa- en hantavirussen. Intraveneus drugsgebruik, toegenomen mobiliteit, grotere bevolkingsdichtheid, bloedtransfusies, opwarming van de aarde en virussen die zichzelf steeds aanpassen, vormen zomaar een greep uit alle zaken die micro-organismen een kans geven om de gezondheid van de mens te bedreigen. Bioterrorisme zou in hetzelfde rijtje een plaats kunnen krijgen, maar zeker niet bovenaan."

Osterhaus heeft zonder bioterrorisme al genoeg aan zijn hoofd. „Het influenzavirus kan zomaar ineens totaal veranderen, waardoor mensen er heel gevoelig voor zijn omdat ze totaal geen afweer hebben. Afgelopen eeuw heeft zich drie keer een wereldwijde epidemie voorgedaan, en het wachten is op de volgende. Ook nieuwe ziekten, zoals SARS, baren ons zorgen. De kans dat zulke virussen wereldwijd slachtoffers eisen, is veel groter dan de kans dat bioterroristen dat doen."

De mensheid heeft te maken met een enorm aantal virussen, die stuk voor stuk een bedreiging kunnen vormen. „Met het uitroeien van de pokken eind jaren zeventig hebben we ons rijk gerekend. Onterecht, denk ik. De laatste jaren zien we in Afrika keer op keer apenpokken opduiken bij de mens. Dit virus is verwant aan het menselijk pokkenvirus. Door het ontbreken van afweer tegen de klassieke pokken, wordt ook de mens er ziek van. De ziekte dooft na twee tot drie generaties van besmettingen uit, maar als we er niets aan doen, weet ik zeker dat we op den duur de pokken weer terug hebben."

Veilig gevoel

De Nederlandse overheid is sinds de poederpost in Amerika beducht voor bioterrorisme, zo blijkt uit de brief die de Hogeschool van Utrecht vorig jaar ontving. Maar ze is er zeker niet klaar voor. Het enige dat klaarligt, zijn wat rapporten en rampenplannen op papier, en een fikse dosis pokkenvaccins in de vriezer. „Een stad als Rotterdam heeft in ziekenhuizen veertig tot vijftig beademingsplaatsen. Je moet er niet aan denken dat een longaandoening als miltvuur daar de kop op steekt", merkt Schellekens op.

De microbioloog heeft overigens ook aan den lijve ondervonden dat de Binnenlandse Veiligheidsdienst (BVD) het best in de gaten heeft als onderzoekers onderling micro-organismen uitwisselen. „Onlangs stuurde ik een monster hepatitis-B-virus op naar een land dat, laat ik zeggen, op de grens ligt van een verdachte staat. Het was bedoeld voor een groep wetenschappers die vaccinonderzoek doet. Later kwam ik erachter dat de BVD mijn verrichtingen had gevolgd. Dat irriteert me niet. Het geeft me juist een veilig gevoel."

Bron: Reformatorisch Dagblad